아는
만큼
보이는
세상

사진과 그림으로 단번에 이해하는 81가지 친절한 물리 안내서

아는 만큼 보이는 세상

물리 편 PHYSICS

가와무라 야스후미 감수 ― 김범준 한국어 감수 ― 송경원 옮김

우리는 일상에서 수많은 자연 현상과 만납니다. 겨울에 눈이 내리면 꽃처럼 예쁘고 보석처럼 반짝이는 수많은 눈 결정이 길에 쌓이지요. 이 눈 결정이 녹았다 얼면 다음 날 아침 도로는 빙판이 되기 일쑤입니다. 조심조심 그 위를 걷다 순간 방심하여 엉덩방 아를 찧기도 합니다. 넘어진 김에 눈을 들어 하늘을 바라보면 무척 파랗고 찬란합니다. 그런데 또 해가 질 무렵의 서쪽하늘은 붉은 빛입니다.

그럴 때는 종종 이런 궁금증이 생깁니다. 눈 결정은 왜 이런 모습일까? 얼음은 왜 이렇게 미끄러울까? 왜 낮 시간 머리 위 하늘은 파란 빛인데 해 질 무렵 서쪽 하늘은 붉은 빛일까?

우리 모두는 어려서 참 궁금한 것이 많았습니다. 나이를 먹으면서, 복잡한 세상사에 마음을 조금씩 빼앗기면서, 지금 당장 해결

해야 할 일들을 마주하면서 우리 모두는 무덤덤한 어른이 되었습니다. 어려서 궁금했던 숱한 질문에 답을 찾은 것도 아니지요. 그렇다면 어린 시절 그리 많았던 궁금증은 모두 어디로 갔을까요?

노벨 물리학상을 받은 미국의 물리학자 이지도어 아이작 라비(Isidor Isaac Rabi)는 "나는 물리학자가 인류의 피터 팬이라고 생각한다. 그들은 결코 성장하지 못하고 아이 때의 호기심을 평생 간직한다."고 말했습니다.

피터 팬 같이 여전히 모든 것이 궁금한 물리학자 가와무라 야스후미 교수가 이 책의 기획자입니다. 일상에서 우리가 자주 떠올릴 만한 81개의 재미있는 현상을 소개하고, 과학적인 설명을 덧붙였습니다. 설명의 과학적 수준도 입문서로 딱 적당합니다. 어려운 수식도 거의 사용하지 않고 차근차근 설명을 이어가지요.

CHAPTER 1에서는 빛과 관련한 물리를 이야기합니다. 우리가 아는 노을, 구름, 바다가 왜 빨갛고 하얗고 파랗게 보이는지 알려줍니다. 또한 비가 온 뒤에 무지개를 볼 수 있는 이유, 그리고 신기루는 왜 생기는지 등에 관해 아주 쉽게 설명해 줍니다.

CHAPTER 2는 물과 관련한 물리입니다. 거대한 빙산이 어떻게 물 위에 뜨는지, 얼음은 왜 미끄러운지, 물방울은 왜 모두 동그란 모양인지 등을 설명합니다. 모두가 어릴 적 한 번쯤은 이유를 궁금해했을 법한 질문들이지요.

CHAPTER 3는 공기와 관련한 물리입니다. 커다랗고 무거운 비행기와 헬리콥터가 어떻게 하늘을 나는지, 공기에 무게가 있다는 건 무슨 말인지, 여름이면 자주 보게 되는 태풍은 왜 오른쪽으로 움직이는지 등을 차근차근 알려줍니다.

CHAPTER 4는 열과 관련한 물리를 설명합니다. 더불어 전기와 관련해서도요. 신비하기 그지없는 오로라는 어떻게 생기는 것인지, 여러 자연환경으로 전기를 만들 수 있는 비밀은 무엇인지, 많은 사람이 좋아하는 다이아몬드는 도대체 어떻게 만들어지는지 등 짜릿하고 흥미로운 여러 현상을 핵심만 콕 집어 설명합니다.

CHAPTER 5와 6에서는 우리가 사는 지구와 그 지구가 속한 우주의 여러 비밀을 알려줍니다. 가기만 한다면 몸무게가 1/6이 되는 곳은 어디인지부터 밀물과 썰물은 어떻게 생기는 것인지, 또 유성과 블랙홀의 정체, 로켓을 머나먼 우주로 쏘아 올리는 비법까지 꼼꼼하게 담았지요.

마지막으로 CHAPTER 7에서는 여러 과학 원리가 우리 생활 속에서 어떤 활약을 하는지 알려줍니다. 가운데에 기둥이 없어도 무너지지 않는 아치형 다리의 비밀부터 가느다란 케이블로 버티는 거대한 다리들의 비밀, 롤러코스터에서는 거꾸로 올라가도 왜 어떻게 떨어지지 않는지, 그리고 그네를 잘 탈 수 있는 물리적 비법까지 알차게 알려주지요.

과학적 사고방식은 누적되기에, 하나를 이해하면 다른 하나를 더 이해하는 데 도움이 됩니다. 책을 꼼꼼히 읽고 속속들이 이해해 저자가 소개한 모든 현상에 스스로 답할 수 있게 되면, 세상을 향한 새로운 질문의 답도 스스로 찾을 수 있을 것이 분명합니다. 처음에는 궁금했더라도 여러 번 경험이 이어지면 궁금증이 사라집니다. 그래도 잊지 말아야 할 것은, 여러 번 겪어 익숙해졌다고 해서 이해한 것은 아니라는 것입니다.

어려서 그리 많았던 궁금증을 해결하지 못한 게 사무치고 그리운 모든 어른에게, 그리고 여전히 매일 모든 것이 궁금한 모든 학생에게 이 책을 권합니다. 특히, 아이의 재밌는 질문에 쩔쩔맨 경험이 있는 세상의 모든 부모님들에게 이 책은 필독서입니다. 쉽고 재미있게 쭉 읽고 책장에 잘 보관해 두었다가, 갑자기 궁금한 것이 생기면 다시 책을 뒤적여 읽어보는 방법도 추천합니다.

문득 눈을 들어 바라본 하늘의 파란색이 참 멋집니다. 왜 하늘이 파란지 과학으로 이해하면 분명 훨씬 더 멋진 하늘을 볼 수 있을 것입니다.

성균관대학교 물리학과 교수
김범준

아름다운 풍경을 바라보면 어떤 기분이 드나요? 구름 한 점 없는 끝없이 펼쳐지는 파란 하늘, 붉게 타오르는 노을, 넓은 하늘에 걸린 무지개, 굉음을 내며 쏟아져 내리는 웅장한 폭포. 이런 자연의 아름다움에 압도되어 저 세계에 녹아들고 싶다는 마음이 들지는 않나요?

기능적이고 아름다운 인공물을 볼 때는 또 어떤가요? 바다를 가로지르는 장대한 다리, 밤을 화려하게 수놓는 LED 불빛, 우아하게 하늘을 나는 비행기, 먼 우주로 솟아오르는 우주선의 모습. 그런 모습이 눈에 들어오는 순간 알 수 없는 감동에 휩싸이며 감탄하는 일도 있을 것입니다.

이런 풍경이나 인공물에는 수없이 많은 물리학의 원리가 숨어 있습니다. 감춰진 비밀을 하나하나 풀어 가다 보면 아름답고 신비로운 물리의 세계가 눈앞에 펼쳐질 것입니다.

세상에는 우리가 아직 알지 못하는 물질이 많습니다. 우리가 지금껏 보지 못한 세계에서, 물질은 어떤 얼굴을 하고 있을까요? 시점을 바꿔 보면 물질에게는 지구의 환경이 오히려 특별한 것일 수 있습니다. 우주 전체를 놓고 보면 우리가 예측하기 어려운 우주의 극한 환경이 매우 일반적인 것일 수도 있으니까요.

이 책이 우리가 아직 보지 못한 세계로 향하는 첫걸음이 되기를 바랍니다. 물질에 숨겨진 가능성을 발견하고 탐색하며 '물리'의 세계에 쉽게 다가갈 수 있는 계기가 되면 좋겠습니다.

지금까지 물리학은 우리의 삶을 바꾸어 왔습니다. 미래를 예측하는 데도 큰 역할을 해 왔지요. 따라서 물리학을 이해하는 것은 곧 앞으로 인간의 삶을 바꾸는 것과도 연결된다고 생각합니다. 부디 이 책이 물리의 세계와 만나는 계기가 되기를, 그리고 물리학의 길로 이끌어 주는 친구가 되기를 진심으로 기원합니다.

도쿄이과대학 이학부 제1부 물리학과 교수
가와무라 야스후미

C O N T E N T S

한국어 감수의 글   004
들어가는 글   008

CHAPTER 1.
과학은 눈앞의 호기심에서 출발한다 _빛

노을은 왜 붉을까? • 빛의 산란   019

구름은 흰색이 아니라고? • 빛의 산란   022

바닷물은 투명한데 바다는 왜 파랄까? • 빛의 반사와 산란   024

하늘의 색이 시시각각 변하는 때가 있다 • 빛의 반사와 산란   026

어두운 동굴에서도 바다가 파란 이유 • 빛의 반사와 산란   028

거울처럼 비추는 호수가 있다고? • 빛의 반사   030

등대 불빛이 아주 멀리까지 가는 이유 • 빛의 직진   032

무지개를 비 온 뒤에만 볼 수 있는 이유 • 빛의 분해   034

환상적인 신기루의 정체 • 빛의 굴절과 위신기루   037

오메가 태양이 나타나는 이유 • 빛의 굴절과 아래신기루   040

마른 땅 위에서 물이 보인다고? • 빛의 굴절과 아래신기루   042

CHAPTER 2.
가장 부드럽지만
가장 강한 힘이 만들어 낸 세상 _ 물

파도는 '이것'이 만들어 낸다 · 풍랑과 파동　　　　　　　　　　047

거대한 빙산이 어떻게 바다 위에 떠 있는 걸까? · 부력　　　　　050

얼음이 솟아나는 길의 비밀 · 얼음의 팽창과 수축　　　　　　052

겨울산의 얼음나무들은 어떻게 만들어진 걸까? · 과냉각　　　054

공기 중에서 다이아몬드처럼 빛나는 것의 정체 · 승화　　　　056

아름다운 눈 결정에 담긴 비밀 · 수소 결합　　　　　　　　　059

얼음 표면은 왜 미끄러울까? · 물막　　　　　　　　　　　　062

강물이 계곡을 깎았다고? · 침식 작용과 운반 작용　　　　　　065

나이아가라 폭포의 에너지는 얼마일까? · 위치 에너지와 운동 에너지　068

물방울에는 왜 세모, 네모 모양이 없을까? · 표면 장력　　　　071

수압이 일으키는 인체의 변화 · 헨리의 법칙　　　　　　　　074

마치 꼬리 같은 비행운의 정체는? · 포화 수증기량　　　　　　077

상어는 어떻게 그렇게 빠른 걸까? · 리블렛 구조　　　　　　　080

CHAPTER 3.
눈에 보이지 않는 힘으로 가득한 세상 _공기

비행기가 하늘을 날 수 있는 단 하나의 이유 · 양력　085

왜 연은 당길수록 높이 날까? · 힘의 평형　088

공기에 무게가 있다고? · 기압　090

맛있는 커피를 내리는 데도 물리의 비법이 숨어 있다 · 기압의 변화　092

고속열차의 앞코는 왜 뾰족하게 튀어나왔을까? · 공기 저항　094

헬리콥터는 어떻게 하늘을 나는 걸까? · 양력과 작용·반작용　096

태풍이 오른쪽으로만 이동한다고? · 코리올리의 힘　099

위협적인 토네이도의 비밀 · 상승 기류와 하강 기류　102

나뭇잎이 팔랑팔랑 떨어지는 이유 · 공기 저항　105

굴뚝의 흰 연기는 왜 금세 사라질까? · 수증기의 응축　108

비행기가 날 때 깔때기 구름이 생기는 이유 · 수증기의 응축　110

구름이 만들어지는 단 세 가지 단계 · 응축과 단열 팽창　112

더 읽어보기 **구름의 대표적인 형태 10가지**　114

CHAPTER 4.

가장 짜릿하고도
강력한 힘이 만든 세상 _열

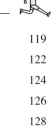

아름다운 오로라는 어떻게 만들어질까? • 자기장과 플라스마   119

태양 빛을 전기로 바꾸는 원리 • 빛 에너지의 변환   122

바람의 힘을 전기로 바꾸는 원리 • 전자기 유도   124

물의 힘을 전기로 바꾸는 원리 • 위치 에너지의 변환   126

비닐 랩은 왜 그렇게 달라붙을까? • 반데르발스 힘   128

태양 빛에는 빛만 있는 게 아니라고? • 전자기파   130

왜 바닷물은 모래사장만큼 뜨거워지지 않을까? • 비열   132

뜨거운 열만 있으면 하늘을 날 수 있다고? • 열 에너지와 기체의 밀도   134

하늘을 가로지르는 1억 볼트의 번개 • 정전기   137

우주에서 정보를 보내는 GPS의 원리 • 전파   140

아름다운 다이아몬드는 어떻게 만들어질까? • 온도와 압력   143

더 읽어보기 다양한 보석의 원석   146

CHAPTER 5.
신비한 생명의 비밀이 가득한 세상 _지구

별은 얼마나 멀리 떨어져 있을까? • 연주 시차   151

'이곳'에 가면 몸무게가 1/6이 된다고? • 보편중력   154

국제우주정거장(ISS)은 왜 떨어지지 않을까? • 수평으로 던진 물체의 운동   156

화석이 태고의 지구를 아는 실마리가 되는 이유 • 압력과 화석화 작용   158

지구에 균열이 생겼다고? • 맨틀 대류   160

뜨겁고 새빨간 마그마의 정체 • 맨틀과 압력   162

지구는 언제부터 끊임없이 돌고 있었을까? • 관성   165

밀물과 썰물이 생기는 이유가 달 때문이라고? • 인력과 원심력   168

달은 초승달일 때도 동그란 모양이라고? • 달의 공전   171

CHAPTER 6.
환상적인 수수께끼로 가득한 미지의 세상 _우주

밤하늘에서 떨어지는 유성의 정체 • 마찰열과 단열 압축   177

우주에 뚫린 검은 구멍, 블랙홀 • 초신성 폭발   180

드넓은 우주에서 지구는 어디쯤에 있을까? • 우리은하   182

우주의 나이는 몇 살일까? • 빅뱅   184

스트로베리 문의 비밀 • 빛의 반사   186

가장 거대한 달, 슈퍼문 • 근지점   188

우주선은 얼마나 빠를까? • 속도   190

태양과 달의 환상적 만남 • 일식   192

크레이터는 어떻게 생겨난 걸까? • 충돌 에너지와 운동 에너지   195

로켓을 우주로 날려 보내는 물리의 비법 • 작용과 반작용   198

우주의 탄생에 관한 비밀을 가진 입자가 있다고? • 중성미자   201

CHAPTER 7.
과학이 우리에게 준 선물들 _생활

불꽃의 소리는 왜 한박자 늦게 들릴까? • 소리의 속도   207

기둥이 없어도 무너지지 않는 아치형 다리의 비밀 • 작용과 반작용   210

여러 줄의 케이블로 지지하는 사장교의 원리 • 인장력   212

두 줄의 케이블로 지지하는 거대한 다리의 비밀 • 인장력과 힘의 합성   214

롤러코스터에서는 왜 거꾸로 뒤집혀도 떨어지지 않을까? • 원심력과 중력   217

스키 점프 선수가 안전하게 착지하는 물리적 비법 • 충격량과 반발계수   220

그네를 잘 타는 물리 비법 • 공명 원리   223

양초는 심지만 타는 게 아니라고? • 모세관 현상   226

아름다운 야경을 만드는 전구와 LED의 비밀 • 백열화, 반도체의 양공·전자   229

지평선에서는 몇 킬로미터 앞까지 보일까? • 피타고라스의 정리   232

탄환이 휘지 않고 똑바로 날아가는 이유 • 자이로 효과   235

투석기는 어떻게 돌을 멀리 날리는 걸까? • 지레의 원리   238

힘이 없어도 '이것'만 있으면 다 들어 올린다고? • 고정도르래와 움직도르래   241

눈에 보이지 않는 미시 세계를 엿보는 방법 • 전자의 투과와 반사   244

참고문헌   247

일러두기

본문의 그림은 물리의 기본 원리를 알기 쉽게 설명하기 위해 단순화했습니다.

1

CHAPTER

과학은
눈앞의
호기심에서
출발한다

- 빛 -

나는 과학에 위대한 아름다움이 있다고 생각한다.
과학자는 단순한 기술자가 아니라
마치 동화처럼 자신에게 감명을 주는
자연 현상 앞에 선 어린아이이기도 하다.

_ 마리 퀴리 Marie Curie

노을은
왜 붉을까?

· 빛의 산란 ·

하늘의 색은 무지개 색 순서대로 변한다.
태양이 지평선과 가까워질수록 하늘은 붉게 보인다.

우리 눈에는 태양 빛이 그저 하얗게 보이지만, 사실 그 안에는 빨간색, 주황색, 노란색, 초록색, 파란색, 남색, 보라색 등 일곱 가지 색의 빛이 섞여 있습니다. 이 일곱 가지 색의 빛이 모두 합쳐져 우리 눈에 하얗게 보이는 것입니다.

이 빛들은 파동(물결의 움직임)의 형태로 움직이는데, 색깔별로 파장이 다 다릅니다. 빨간색에 가까울수록 빛의 파장이 길고, 보라색에 가까울수록 짧습니다. 또, 지구를 둘러싼 공기층을 통과해 지구에 도달하는 과정에서 공기 중의 산소, 질소 같은 입자와 부딪혀 여러 방향으로 흩어지는 성질이 있습니다. 이 현상을 레일리 산란이라고 부르는데, 빛의 파장이 짧을수록 산란(파동이나 입자선이 물체와 충돌하여 여러 방향으로 흩어지는 현상)이 잘 일어나는 특성이 있지요.

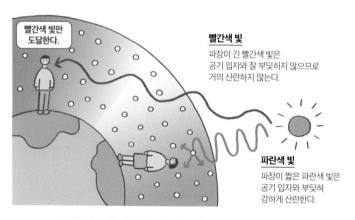

빨간색 빛만 도달한다.

빨간색 빛
파장이 긴 빨간색 빛은 공기 입자와 잘 부딪히지 않으므로 거의 산란하지 않는다.

파란색 빛
파장이 짧은 파란색 빛은 공기 입자와 부딪혀 강하게 산란한다.

태양이 질 때는 빛이 공기층을 통과하는 거리가 길어지므로, 산란이 잘 일어나지 않는 빨간색 빛이 우리 눈에 들어온다.

아는 만큼 보이는 세상 | 물리 편

해가 머리 위에 떠 있는 낮 시간에는 태양에서 출발한 빛이 지면에 도달하기까지의 거리가 비교적 짧습니다. 따라서 파장이 짧은 파란색 빛이 공기 중에서 여기저기로 산란합니다. 우리 눈에 낮 동안 하늘이 파랗게 보이는 이유입니다.

반면, 해 질 무렵에는 태양에서 출발한 빛이 비스듬하게 내리쬐기 때문에 지면에 도달하기까지의 거리가 길어집니다. 낮 시간에 비해 긴 거리의 공기층을 통과하게 되므로 공기 입자와 부딪혀 거의 다 산란한 파란색 빛은 사라지고, 파장이 길어 산란이 잘 일어나지 않는 빨간색 빛만 지면에 도달하는 것입니다. 이것이 노을이 붉게 보이는 까닭입니다.

구름은
흰색이 아니라고?

· 빛의 산란 ·

어떤 각도에서 보든 구름은 하얗다.

구름은 원래 무슨 색일까요? 사실 구름에는 색이 없습니다.

구름은 물 등의 수많은 입자가 모여 만들어집니다. 물 등의 입자는 공기 입자보다 크기가 크기 때문에, 태양 빛이 구름을 통과하면 모든 색의 빛을 다 산란시켜 버립니다(미 산란, Mie Scattering). 이렇게 산란된 모든 색의 빛이 합쳐져 우리 눈에 하얀색으로 보이는 것입니다.

왜 하얀색이냐고요? 혹시 한낮에 태양이 하얗게 빛나는 모습을 본 적이 있나요? 태양 빛은 하얗게 보이지만, 실제로는 여러 가지 색의 빛이 섞여 있습니다. 즉, 여러 가지 색의 빛이 모두 섞이면 우리 눈에 하얗게 보이는 것입니다.

물 등의 입자는 모든 색의 빛을 산란시킨다.

바닷물은 투명한데 바다는 왜 파랄까?

· 빛의 반사와 산란 ·

지구 표면의 70%는 바다로 덮여 있다.
바다는 약 44억 년 전에 탄생한 것으로 추정된다.

'바다' 하면 가장 먼저 떠오르는 색은 파란색입니다. 그런데 바다는 왜 파랗게 보일까요? 여기에는 몇 가지 이유가 있습니다.

먼저 파란 하늘을 반사하기 때문입니다. 공기 중에는 산소나 질소 같은 작은 입자(분자)가 무수히 떠 있는데, 태양 빛은 이 입자들과 부딪히면 여러 방향으로 흩어집니다(20쪽 레일리 산란 참고). 파란색 빛이나 보라색 빛은 파장이 짧아 산란하기 쉬워 다른 색 빛들보다 훨씬 많이 흩어집니다. 그래서 우리 눈에 하늘은 물론 하늘이 비친 바다까지 파랗게 보이는 것입니다.

또 다른 이유는 빛을 흡수하는 물 분자의 성질 때문입니다. 빨간색, 주황색, 노란색 빛은 바다에 닿는 순간 물에 금방 흡수됩니다. 반면 빨간색 계열과 반대되는 파란색 계열(보색)의 빛은 바닷물을 통과해 바닷속의 물질이나 플랑크톤 등에 부딪히며 반사·산란하는데, 이로 인해 바다가 파랗게 보입니다.

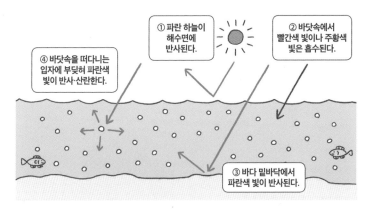

파란색 빛만 흡수되지 않고 반사·산란하는 ①~④의 이유로 바다는 파랗게 보인다.

하늘의 색이
시시각각 변하는 때가 있다

· 빛의 반사와 산란 ·

이 시간을 매직아워 혹은 골든아워라고 부르기도 한다.

일출 전이나 일몰 후 얼마 동안 태양은 보이지 않지만 하늘이 희미하게 밝은 시간대를 박명이라고 합니다. 이 시간대에는 그림자가 한없이 길어지고, 하늘의 색이 마법처럼 시시각각 변합니다. 아름답고 환상적인 하늘의 풍경을 사진으로 담을 수 있기 때문에 매직아워라고 불리기도 합니다.

박명은 태양이 지평선 아래에 있더라도 일부 빛이 상층 공기 중에서 반사·산란하여 발생하는 현상입니다. 아름다운 박명을 보고 싶다면 일출 직전과 일몰 직후의 시간대를 노려 보세요.

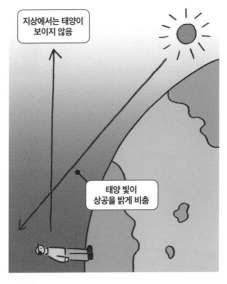

매직아워는 태양이 지평선보다 아래 있을 때 일어난다.

어두운 동굴에서도
바다가 파란 이유

· 빛의 반사와 산란 ·

일본에서는 홋카이도, 이즈, 구마노 등에서 볼 수 있다.

동굴은 보통 빛이 닿지 않는 어두운 공간입니다. 그런데 이탈리아의 카프리섬이나 일본의 오키나와에는 수면이 파랗게 빛나며 어두운 동굴 안을 파란색으로 물들이는 푸른 동굴(blue grotto)이 있습니다. 이런 동굴은 대부분 바닷물이 밀려드는 해안에 위치합니다.

동굴에는 입구보다 수면 아래에서 더 많은 태양 빛이 들어옵니다. 그러므로 동굴 안에서는 주변보다 바닷물 속이 더 밝습니다. 바닷속에서는 파란색 빛이 반사·산란하므로(25쪽 참고) 수면은 마치 스스로 빛을 내는 듯 파랗게 빛나며 동굴 안을 환하게 밝힙니다.

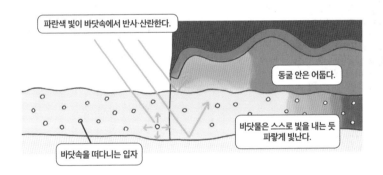

거울처럼 비추는
호수가 있다고?

· 빛의 반사 ·

우유니 소금 호수는 건기에 천연 소금밭이 된다.
넓이가 12,000km²에 달하는 세상에서 가장 큰 소금 호수이다.

'우유니 소금 호수'라고 불리는, 흰 소금으로 뒤덮인 남미의 평원은 우기에 비가 내리면 흰 소금이 두껍게 깔린 바닥에 물이 얕게 고입니다. 약 1cm 깊이의 물이 얇은 막처럼 지면을 덮으면, 호수는 하늘을 그대로 비추는 거울이 됩니다.

이 현상은 빛 반사 때문에 일어납니다. 빛은 평평한 면에 부딪힐 때의 각도(입사각)와 반사될 때의 각도(반사각)가 서로 같습니다. 물체가 빛을 받을 때 반사하는 정도인 반사율이 높으면 마치 거울처럼 실물을 비춰 냅니다. 입사각이 70°를 넘으면 반사율이 급격히 높아지는 특징이 있습니다. 따라서 호수 수면을 바라보는 각도가 수평에 가까워질수록 거울에 가까운 상태가 됩니다.

광대한 우유니 소금 호수의 수면은 낮은 각도에서 멀리까지 내다볼 수 있습니다. 또한 매우 얕게 고여 있어 바람이 불어도 물결이 일지 않으므로 수면은 거울과 같은 상태를 유지합니다.

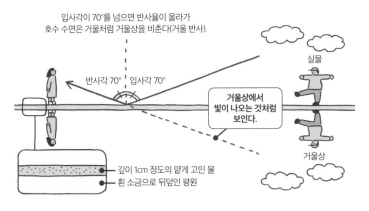

입사각이 70°를 넘으면 반사율이 올라가 호수 수면은 거울처럼 거울상을 비춘다(거울 반사).

반사각 70° 입사각 70°

실물

거울상에서 빛이 나오는 것처럼 보인다.

거울상

깊이 1cm 정도의 얕게 고인 물
흰 소금으로 뒤덮인 평원

수평선이 끝없이 이어지는 거대한 물웅덩이가 풍경을 반사한다.

등대 불빛이 아주
멀리까지 가는 이유

· 빛의 직진 ·

등대에는 프레넬 렌즈가 사용된다.
프레넬 렌즈는 프랑스 물리학자 오귀스탱 장 프레넬이 발명했다.

어둑어둑한 밤바다를 항해할 때, 옛날에는 달빛과 등대 불빛을 길잡이로 삼았습니다. 세계 최초의 등대는 기원전 280년 고대 이집트 알렉산드리아 항구의 입구에 세워진 파로스 등대라고 알려져 있는데, 이 등대의 높이는 135m나 되었다고 합니다. 19세기까지는 등대의 불빛을 밝히기 위해 주로 식물성 기름이나 석유를 이용했지만, 20세기에 접어들면서는 대부분 백열등으로 바뀌었습니다. 현재는 LED를 사용하는 등대도 늘고 있습니다.

등대의 불빛은 전구 앞에 놓인 프레넬 렌즈를 통해 한곳에 모입니다. 이렇게 모인 빛은 일직선으로 나아가므로 멀리까지 전달됩니다. 프레넬 렌즈는 두껍고 무거운 볼록렌즈 대신 볼록렌즈의 표면 부분만 모아서 조합한 것입니다. 두꺼운 볼록렌즈와 기능은 같지만 얇고 가벼우므로 전 세계의 등대에 사용되고 있습니다.

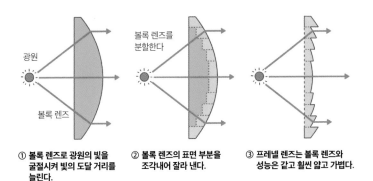

① 볼록 렌즈로 광원의 빛을 굴절시켜 빛의 도달 거리를 늘린다.

② 볼록 렌즈의 표면 부분을 조각내어 잘라 낸다.

③ 프레넬 렌즈는 볼록 렌즈와 성능은 같고 훨씬 얇고 가볍다.

무지개를 비 온 뒤에만
볼 수 있는 이유

· 빛의 분해 ·

무지개는 태양의 반대쪽에 나타난다.
무지개 색의 개수는 나라마다 다르다.

태양 빛에는 빨간색에서 보라색까지 여러 가지 색이 섞여 있습니다. 빛은 공기 중에서 물속이나 유리 등 다른 물질로 들어갈 때 꺾이는 성질이 있습니다. 게다가 빛은 색에 따라 꺾이는 각도가 다릅니다.

따라서 비 갠 직후처럼 공기 중에 많은 물방울이 떠다니고 있을 때 태양을 등지고 서면, 태양 빛이 물방울에 부딪혀 일곱 가지 색으로 나뉜 무지개를 볼 수 있습니다. 태양 빛이 물방울 속에 들어갔다가 빠져나올 때 빨간색부터 보라색까지 여러 색으로 분해되기 때문입니다. 공기 중에 물방울이 넓게 퍼져 있으면 그만큼 큰 무지개가 뜹니다.

무지개는 지면에서 위로 42° 부근에서 보입니다. 그래서 아침

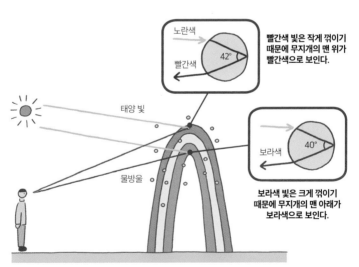

노란색
빨간색
42°

빨간색 빛은 작게 꺾이기
때문에 무지개의 맨 위가
빨간색으로 보인다.

태양 빛

보라색
40°

물방울

보라색 빛은 크게 꺾이기
때문에 무지개의 맨 아래가
보라색으로 보인다.

태양 빛이 물방울 속에서 반사될 때 빛이 분해되어 우리 눈에 들어온다.

에는 서쪽 하늘, 저녁에는 동쪽 하늘에서 쉽게 찾을 수 있습니다. 태양이 머리 위에 떠 있는 낮에는 지면과의 각도가 42°를 넘기기 때문에 무지개를 보기 어렵습니다.

또 무지개는 본래 원형인데, 아랫부분이 지면에 가려 반원 형태로 보입니다. 비행기를 타거나 등산 중 절벽에 서면 아랫부분까지 둥근 무지개를 볼 수 있습니다.

참고로 우리는 무지개를 일곱 가지 색으로 인식하지만, 나라마다 색의 개수를 다르게 인식해서 다섯 가지 색이나 여섯 가지 색으로 표현하는 나라도 있습니다.

환상적인
신기루의 정체

· 빛의 굴절과 위신기루 ·

일본 도야마만의 위신기루(배가 거꾸로 매달려 보인다).

신기루란 사물이 실제 위치가 아닌 다른 위치에서 보이는 현상을 말합니다. 그중에서 멀리 있는 사물이 실제 위치보다 높이 떠 있는 것처럼 보이거나 거꾸로 보이는 것을 위신기루(superior mirage)라고 합니다.

위신기루는 바다에서 보이는 대표적인 신기루인데, 해수면 근처의 공기가 차갑고 그 위에 있는 공기가 따뜻할 때 나타납니다. 차가운 공기는 밀도가 높고 따뜻한 공기는 밀도가 낮습니다. 빛은 균일한 매질 속에서 직진하는 성질이 있지만, 밀도가 서로 다

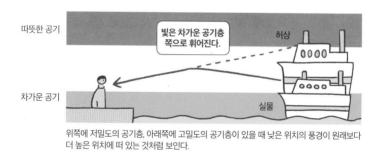

위쪽에 저밀도의 공기층, 아래쪽에 고밀도의 공기층이 있을 때 낮은 위치의 풍경이 원래보다 더 높은 위치에 떠 있는 것처럼 보인다.

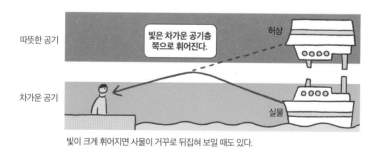

빛이 크게 휘어지면 사물이 거꾸로 뒤집혀 보일 때도 있다.

빛이 공기의 온도 차이 때문에 굴절하여 신기루 현상이 일어난다.

른 공기층을 통과할 때는 그 경계에서 밀도가 낮은(뜨거운 공기층) 쪽에서 높은(차가운 공기층) 쪽으로 휘어집니다. 이렇게 빛의 굴절이 일어나면서 멀리 있는 사물이 공중에 떠오른 것처럼 보이는 것입니다.

38쪽 그림처럼 바닷가에서 배를 바라보는 사람의 눈에는 배의 실제 모습이 보입니다. 차가운 공기층 안에서는 빛이 굴절하지 않기 때문입니다. 반면 온도가 차이나는 공기층의 경계에서는 빛이 굴절되며 만들어진 허상이 동시에 보입니다. 배의 실제 모습과 실제보다 크게 느껴지는 허상이 겹쳐 보이는 것입니다. 이런 현상은 눈 녹은 물이 흘러들어 온 바다 위에 차가운 공기층이 생기고, 그 위에 따뜻한 공기층이 있을 때 나타납니다.

온도 변화가 급격하면 빛이 크게 굴절해서 거꾸로 뒤집힌 모습으로 보일 때도 있습니다. 일본에서는 봄철 도야마만에서 볼 수 있는 신기루가 유명합니다.

오메가 태양이
나타나는 이유

· 빛의 굴절과 아래신기루 ·

그리스 문자 Ω와 모양이 닮아 오메가 태양이라고 불린다.

겨울이나 초봄의 일출이나 일몰 전후로, 수평선에 걸쳐 오메가(Ω) 모양으로 변한 태양이 보일 때가 있습니다. 이 같은 오메가 태양은 아래신기루의 한 종류로, 기온 차이가 큰 공기층이 생겨나 빛이 굴절하면서 나타나는 현상입니다.

비열 용량(133쪽 참고)의 차이 때문에 날씨가 추우면 공기는 금방 차가워지지만, 물은 천천히 식습니다. 아침저녁 복사 냉각으로 공기가 갑자기 차가워지면 공기와 바닷물의 온도 차이가 커지면서 오메가 태양이 나타날 가능성도 높아집니다.

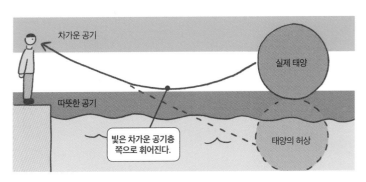

오메가 태양은 공기가 급격하게 차가워지는
아침저녁에 나타나는 아래신기루이다.

마른 땅 위에서
물이 보인다고?

· 빛의 굴절과 아래신기루 ·

옛날에는 대합조개나 이무기가 토해 낸 기운으로 나타난다고 믿었다.

사막이나 한여름의 고속도로 등에서 땅바닥에 물이 고인 것처럼 보일 때가 있는데, 이 같은 현상을 '땅거울'이라고 합니다. 가까이 다가가면 저 멀리 달아난 듯 더 먼 곳에서 물웅덩이가 보이기 때문에 일본에서는 '도망가는 물'이라고 부르기도 합니다.

땅거울은 실제 위치보다 아래에 사물이 보이는 아래신기루의 하나입니다. 태양 빛이 강하게 내리쬐어 지면이 데워지면, 지면 가까이에 따뜻한 공기층이 만들어집니다. 기온 차이가 있는 공기층 안에서 빛은 차가운 공기층 쪽으로 휘어져 우리 눈에 들어옵니다. 이 때문에 거울에 비친 것처럼 하늘이 지면에 비쳐 보이고, 마치 물이 고인 듯이 보이는 현상이 일어나는 것입니다.

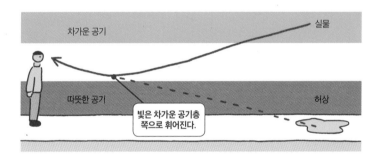

2

CHAPTER

가장
부드럽지만
**가장 강한 힘이
만들어 낸 세상**

- 물 -

수많은 사람이 사랑 없이 살 수 있었지만,
물 없이는 살 수 없었다.

_ W.H. 오든 Wystan Hugh Auden

파도는
'이것'이 만들어 낸다

· 풍랑과 파동 ·

너울성 파도는 먼바다에서 형성된 높은 파도가 해안까지 밀려드는 현상이다.
큰 파도는 태평양을 가로질러 이동하기도 한다.

우리가 바다에서 일반적으로 보는 파도는 해수면에서 일어나는 '물결'입니다. 바다에 부는 바람으로 인해 생기는 파도는 '풍랑'이라고 부릅니다. 바람이 불기 시작하면 해수면이 출렁이며 잔물결이 일고, 지속적으로 바람이 불면 잔물결이 점점 커져 파도 끝부분이 뾰족한 풍랑으로 발달합니다. 파도는 바람으로부터 에너지를 얻어 바람과 같은 방향으로 움직입니다.

바람이 부는 지역에서 벗어난 풍랑은 너울이 되어 수천km 떨어진 곳까지 전달됩니다. 이때 바닷물의 운동은 강의 흐름과 같은, 물질이 흐르는 운동과는 다릅니다. 바닷물은 거의 이동하지

바람

파도는 어떻게 만들어질까?
먼바다에서 바람이 불어 '풍랑'이 발생한다.
바람이 부는 지역을 벗어나면 '너울'이 되어 해안에 도달한다.

풍랑
파도 끝부분이 뾰족하고 불규칙한 형태를 띤
점점 발달하는 파도

너울
파도 끝부분이 둥글고
규칙적인 형태를 띤 파도

파동이란?
바다의 파도는 멀리까지 전달되는데,
바닷물 자체는 크게 이동하지 않고 해수면의 진동만 전달된다.

바람에 의해 생긴 해수면의 진동만 전달된다.

아는 만큼 보이는 세상 | 물리 편

않고 바람에 의해 생긴 해수면의 진동이 주위로 퍼져나가면서 에너지만 전달됩니다.

다시 말해 바다에 부는 바람에 의해 풍랑이 치고, 파도의 에너지는 너울이 되어 해안에 도달하는 것입니다. 이처럼 어떤 한곳에서 생긴 진동이 주위로 퍼져 나가는 현상을 파동이라고 부릅니다.

참고로 우리 주변에는 파도 이외에도 음파, 전파, 지진파 등 여러 가지 파동이 있으며, 모든 파동은 공통적인 특징을 지니고 있습니다.

거대한 빙산이 어떻게
바다 위에 떠 있는 걸까?

· 부력 ·

빙산의 분리는 주기적으로 일어나는 자연 현상이다.
세계 최대 빙산은 남극 대륙에서 떨어져 나왔고 길이 170km, 폭 25km에 달한다.

어떤 물체를 물에 넣으면 물속에서는 그 물체를 위로 밀어 올리는 부력이 작용합니다. 이는 아르키메데스의 원리라고도 하는데, 유체(액체나 기체) 속에 있는 물체가 받는 부력의 크기는 그 물체가 밀어낸 유체의 무게와 같다는 원리입니다. 빙산의 경우, 수면 아래 잠긴 빙산의 부피에 해당하는 바닷물의 무게만큼 부력을 받습니다. 빙산 전체가 물에 잠기면, 그 부력의 크기가 빙산의 무게보다 크기 때문에 바다에 떠 있는 것입니다.

눈에 보이는 것이 전부가 아닐 때 흔히 '빙산의 일각'이라는 말을 씁니다. 이 말처럼 해수면 위로 보이는 빙산은 전체 빙산의 아주 작은 일부분입니다. 모양에 따라 다르지만 빙산의 약 90%는 수면 아래에 잠겨 있고, 큰 부력을 받아 수면 위로 보이는 부분은 전체의 약 10% 정도밖에 안 됩니다.

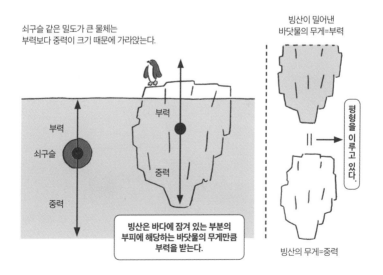

쇠구슬 같은 밀도가 큰 물체는 부력보다 중력이 크기 때문에 가라앉는다.

빙산이 밀어낸 바닷물의 무게=부력

부력

부력

쇠구슬

중력

중력

평형을 이루고 있다.

빙산의 무게=중력

빙산은 바다에 잠겨 있는 부분의 부피에 해당하는 바닷물의 무게만큼 부력을 받는다.

얼음이 솟아나는
길의 비밀

· 얼음의 팽창과 수축 ·

얼음길의 높이는 30cm에서 1.8m에 이르기까지 다양하다.

겨울이 되면 호수는 표면부터 얼기 시작합니다. 그런데 추운 날씨가 계속 이어지면 꽁꽁 언 호수 표면 위로 얼음이 둑처럼 솟아올라 길처럼 길게 이어지는 모습을 볼 수 있습니다. 낮과 밤의 기온 차이로 얼음의 팽창과 수축이 반복되면서 생기는 자연 현상입니다.

영하 10℃ 이하의 기온이 지속되면 호수 표면은 완전히 얼어붙습니다. 밤이 되어 기온이 내려가면 낮 동안 얼어 있던 호수 표면의 얼음이 수축하면서 균열이 생기고, 그 틈으로 물이 들어가 얇은 얼음이 생깁니다. 그 뒤 낮이 되어 기온이 오르면 얼음이 팽창하여 밤에 만들어진 얇은 얼음이 깨지면서 솟아올라 얼음길이 생기는 것입니다.

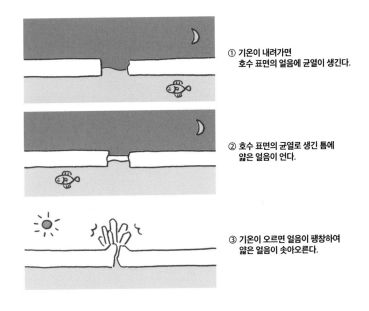

① 기온이 내려가면
호수 표면의 얼음에 균열이 생긴다.

② 호수 표면의 균열로 생긴 틈에
얇은 얼음이 언다.

③ 기온이 오르면 얼음이 팽창하여
얇은 얼음이 솟아오른다.

겨울산의 얼음나무들은
어떻게 만들어진 걸까?

· 과냉각 ·

상고대는 수빙 또는 얼음나무라고도 부른다.

겨울 산에는 눈과 얼음이 만들어 내는 특별한 아름다움이 있습니다. 그중에서도 얼음꽃을 매단 상고대는 신비로운 분위기를 연출합니다.

상고대는 기온이 0℃~-5℃일 때 과냉각(액체의 온도가 어는점 아래로 떨어져도 고체가 되지 않고 액체로 유지되는 상태) 물방울이 차가운 나무에 부딪혀 만들어집니다.

과냉각 물방울은 0℃ 이하에서도 물 입자의 상태를 유지하지만, 자극을 받으면 얼음 입자로 바뀝니다. 즉, 나무에 부딪힌 물 입자가 얼음 입자로 바뀌면서 그대로 나무에 달라붙어 상고대가 생기는 것입니다. 상고대는 바람을 받는 쪽에 얼음이 겹겹이 달라붙으면서 점점 커지므로 차가운 바람이 일정한 방향으로 불어야 잘 생깁니다.

과냉각 물방울

얼음 입자

① 수분을 포함한 차가운 바람이 나무에 부딪힌다.

② 과냉각 물방울이 나무에 부딪혀 만들어진 얼음 입자가 나무에 달라붙어 상고대가 생긴다.

공기 중에서 다이아몬드처럼
빛나는 것의 정체

· 승화 ·

빛나는 입자의 크기는 지름 0.01~0.1mm 정도이다.
해기둥이라고 불리는 광학 현상을 볼 수 있을 때도 있다.

다이아몬드 더스트(세빙 혹은 얼음결정)는 기온이 -10℃에서 -20℃ 아래로 내려가는 몹시 추운 곳에서 일어나는 현상입니다. 온도가 내려가면 공기가 포함할 수 있는 수증기의 양이 적어집니다. 그러면 공기 중에 남은 수증기는 작은 물 입자가 됩니다. 이 물 입자가 모여 공기 중에 떠 있는 것이 안개나 구름입니다.

다이아몬드 더스트는 기온이 매우 낮아 공기 중의 수증기가 바로 얼음 입자(빙정, 즉 얼음 결정)로 얼어붙으면서 나타나는 현상입니다. 이처럼 기체가 액체 상태를 거치지 않고 고체 상태로 변하는 현상을 승화라고 합니다. 이산화탄소를 냉각하여 드라이아이

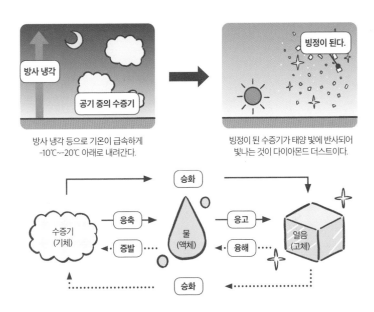

방사 냉각 등으로 기온이 급속하게
-10℃~-20℃ 아래로 내려간다.

빙정이 된 수증기가 태양 빛에 반사되어
빛나는 것이 다이아몬드 더스트이다.

**수증기(기체)가 급속하게 얼어붙어 생긴 무수한 얼음(고체) 입자에
태양 빛이 반사되는 현상이다.**

스로 만들 때의 상태 변화도 승화입니다.

다이아몬드 더스트의 입자는 지름이 0.01mm~0.1mm 정도로 아주 작습니다. 이 작은 얼음 입자가 태양 빛을 반사하면서 반짝반짝 빛납니다. 그 광경이 마치 다이아몬드 가루를 공중에 흩뿌린 듯 아름답다고 해서 다이아몬드 더스트라는 이름이 붙게 되었습니다.

아름다운
눈 결정에 담긴 비밀

· 수소 결합 ·

각판 달린 6각 꽃 모양

각판형

가지가 달린 각판형

부채가 달린 각판형

12각 꽃 모양

장구형

물 분자는 얼음으로 변할 때 수소 결합을 하여 육각형 모양의 결정을 이루며 규칙적으로 배열되는 성질이 있습니다. 당연히 눈 결정도 기본적으로는 육각형 모양입니다.

눈의 탄생은 공기 중의 수증기가 0℃ 이하에서 냉각되면서 먼지나 티끌을 핵으로 빙정이 만들어지면서 시작됩니다. 빙정은 육각기둥 모양의 매우 작은 얼음 입자로, 크기는 수㎛(마이크로미터, 1㎛=100만분의 1m)에서 100㎛까지 다양합니다. 이 빙정의 모서리에 주위 수증기나 다른 빙정이 달라붙어 점점 커지면서 눈 결정으로 성장합니다.

눈 결정의 모양은 온도와 수증기의 양에 따라 결정됩니다. 수

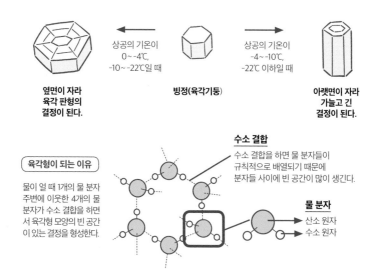

상공의 기온이
0~-4℃,
-10~-22℃일 때

상공의 기온이
-4~-10℃,
-22℃ 이하일 때

**옆면이 자라
육각 판형의
결정이 된다.**

빙정(육각기둥)

**아랫면이 자라
가늘고 긴
결정이 된다.**

수소 결합
수소 결합을 하면 물 분자들이
규칙적으로 배열되기 때문에
분자들 사이에 빈 공간이 많이 생긴다.

육각형이 되는 이유

물이 얼 때 1개의 물 분자
주변에 이웃한 4개의 물
분자가 수소 결합을 하면
서 육각형 모양의 빈 공간
이 있는 결정을 형성한다.

물 분자
→ 산소 원자
→ 수소 원자

**물이 얼면 물 입자들은 육각형 모양이 되고,
이 입자들이 아름다운 눈 결정으로 성장한다.**

증기의 분포와 기온은 항상 변하므로 눈 결정이 성장하는 방식도 다양합니다. 처음에는 육각기둥 모양의 빙정이지만, 주변 온도에 따라 평평한 판 모양(각판형)이나 각진 기둥 모양(각주형)의 결정으로 성장합니다. 모양이 다양한 이유는 결정의 모서리나 튀어나온 부분이 수증기에 녹기 쉽고, 거기에서 가지가 뻗어 나오기 때문입니다. 수증기의 양이 많을수록 눈 결정은 더 복잡한 모양으로 성장합니다.

얼음 표면은
왜 미끄러울까?

· 물막 ·

바닷물이 어는 온도는 약 -1.9℃이다.
기온이 0℃ 아래로 내려가면 호수 등 수면이 언다.

얼음 위가 미끄러운 이유는 신발과 얼음의 표면 사이에 생기는 얇은 물막 때문입니다. 물의 막이 어떻게 생겨나는지에 대해서는 여러 가설이 있습니다. 그중에 '얼음에 가해지는 압력 때문이다'라는 가설이 있습니다.

얼음은 압력을 받으면 물로 변하는 성질이 있습니다. 얼음(고체)이 물(액체)로 바뀌는 온도를 녹는점이라고 하는데, 얼음은 압력을 받으면 녹는점이 낮아져 물로 변하다가 압력이 사라지면 다

발이 미끄러지는 것은 신발과 얼음 표면 사이에 물의 막이 생기기 때문이다!

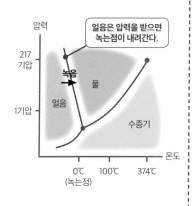

얼음에 가해지는 압력 때문이다.

물의 상태도에서는 압력을 높이면 얼음의 녹는점(융점)이 낮아지므로, 얼음이 녹아 물로 변한다(융해).

얼음은 압력을 받으면 녹는점이 내려간다.

압력

217
기압

1기압

녹음

물

얼음

수증기

온도

0℃   100℃   374℃
(녹는점)

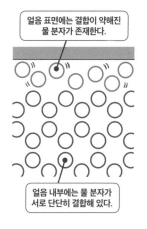

본래 얼음 표면에 물의 막이 존재한다.

얼음 표면에서는 다른 물 분자와 결합이 약해 얼음이 되지 못한 물 분자들이 액체 상태를 유지한다.

얼음 표면에는 결합이 약해진 물 분자가 존재한다.

얼음 내부에는 물 분자가 서로 단단히 결합해 있다.

시 얼음으로 돌아갑니다. 이러한 현상을 복빙이라고 합니다. 이 복빙의 작용으로 얼음 위를 걸으면 순간적으로 발밑에 얇은 물막이 생겨 미끄러진다는 설명입니다.

또 한 가지는 '본래 얼음 표면에 물막이 존재한다'는 가설입니다. 얼음 내부에는 물 분자 1개가 다른 물 분자 4개와 수소 결합해 서로 잘 달라붙어 있는데, 얼음 표면에는 2개 혹은 3개의 수소 결합을 한 물 분자가 존재합니다. 즉, 얼음 표면의 아래는 얼음이고 위는 공기이기 때문에 다른 물 분자와의 결합이 약해진다는 뜻입니다. 그 결과, 얼음 표면에 영하의 온도에서도 액체 상태를 유지하는 물 층이 존재하게 된다는 설명입니다(실제로 압력에 의해서 얼음의 녹는 점이 낮아지는 효과는 그리 크지 않다. 영하 20도의 낮은 온도에서도 우리가 스케이트를 탈 수 있는 이유를 압력에 의한 녹는점 내림만으로 설명하는 것은 무리가 있다. 요즘은 저자의 설명 중, 낮은 온도에서도 얼음 표면에 얇은 물막이 존재한다는 가설이 더 큰 지지를 받고 있다. —감수자 주).

그 밖에도 여러 가설이 과학자들에 의해 활발하게 검증되고 있습니다.

강물이 계곡을
깎았다고?

· 침식 작용과 운반 작용 ·

콜로라도강에 의해 깎인 계곡의 상부 지층은 2억 5천만 년 전에 만들어졌다.
가장 아래쪽 지층은 20억 년 전에 만들어진 것으로 추정된다.

빗물이 모여 흐르면 하천이 생깁니다. 하천을 따라 흐르는 물이나, 흐르는 물에 실려 운반되는 작은 돌과 흙 등에 부딪힌 암석은 잘게 부서집니다. 이에 따라 더 많은 작은 돌과 흙이 흘러가면서 하천의 바닥과 옆면을 깎아 내고 지형을 변형시킵니다. 이를 물에 의한 침식 작용과 운반 작용이라고 합니다. 흐르는 물이 침식·운반 작용을 하며 V 자 계곡을 만듭니다.

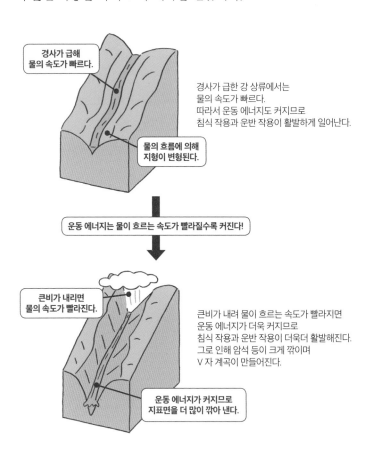

경사가 급해
물의 속도가 빠르다.

경사가 급한 강 상류에서는
물의 속도가 빠르다.
따라서 운동 에너지도 커지므로
침식 작용과 운반 작용이 활발하게 일어난다.

물의 흐름에 의해
지형이 변형된다.

운동 에너지는 물이 흐르는 속도가 빨라질수록 커진다!

큰비가 내리면
물의 속도가 빨라진다.

큰비가 내려 물이 흐르는 속도가 빨라지면
운동 에너지가 더욱 커지므로
침식 작용과 운반 작용이 더욱더 활발해진다.
그로 인해 암석 등이 크게 깎이며
V 자 계곡이 만들어진다.

운동 에너지가 커지므로
지표면을 더 많이 깎아 낸다.

물의 에너지는 흐르는 속도가 빨라질수록 커집니다. 예를 들어 1kg의 물이 초속 5m로 흐르는 경우, 운동 에너지는 1/2×질량×속도^{2}으로 구할 수 있으므로, 계산하면 12.5J이 됩니다. 물의 속도가 초속 10m로 빨라지면 운동 에너지는 50J로 크게 증가합니다.

운동 에너지는 속도의 제곱에 비례하여 커지므로 물의 속도가 2배, 3배, 4배가 되면 운동 에너지는 4배, 9배, 16배로 증가하는 것입니다. 따라서 산에 큰비가 내려 흐르는 물의 에너지가 커지면 침식 작용과 운반 작용이 활발해집니다.

특히 강의 상류는 경사가 급하고 흐르는 물의 속도가 빠르므로 침식 작용이나 운반 작용이 더욱 활발하게 일어납니다. 이렇게 오랜 시간 침식 작용과 운반 작용이 반복해서 일어나면 좁고 깊게 파인 V 자 형태의 계곡이 만들어집니다.

나이아가라 폭포의
에너지는 얼마일까?

· 위치 에너지와 운동 에너지 ·

나이아가라 폭포는 최대 높이 53m, 너비 670m에 이른다.
유량이 풍부해 댐을 설치해 조절한다.

폭포에서 떨어지는 물은 어느 정도의 에너지를 가지고 있을까요? 힘을 주어 물체가 힘의 방향으로 움직일 때, 그 힘은 물체에 일을 했다고 말할 수 있습니다. 일할 수 있는 능력은 에너지라고 합니다.

높은 곳에 있는 폭포 물은 위치 에너지(퍼텐셜 에너지)를 가집니

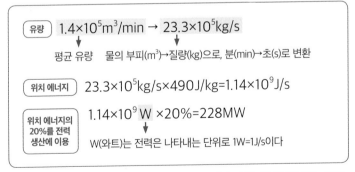

$$1kg \times 9.8m/s^2 \times 50m = 490J$$

물의 질량   중력가속도   폭포의 높이

J(줄)은 에너지를 나타내는 단위로 $1J=1kg \cdot m^2/s^2$이다

폭포에서 1kg의 물이 50m 높이에서 떨어질 때 줄어드는 위치 에너지

$$490J \div (4.2 \times 10^3 J/kg \cdot ℃) = 0.117℃$$

위치 에너지   물의 비열(133쪽 참고)

물의 위치 에너지가 모두 열 에너지로 전환될 때 상승하는 물의 온도

유량 $1.4 \times 10^5 m^3/min \rightarrow 23.3 \times 10^5 kg/s$

평균 유량   물의 부피(m^3)→질량(kg)으로, 분(min)→초(s)로 변환

위치 에너지 $23.3 \times 10^5 kg/s \times 490 J/kg = 1.14 \times 10^9 J/s$

위치 에너지의 20%를 전력 생산에 이용 $1.14 \times 10^9 W \times 20\% = 228MW$

W(와트)는 전력은 나타내는 단위로 $1W=1J/s$이다

평균 유량이 분당 $1.4 \times 10^5 m^3$인 폭포에서 1초 동안 수력 발전으로 생산되는 전력

다. 이 물이 중력을 받아 아래로 떨어지면 물의 위치 에너지는 운동 에너지로 바뀝니다. 폭포 아래에 있는 웅덩이에 부딪힌 다음에는 운동 에너지가 열 에너지로 전환되어 물의 온도를 높이는 데 사용됩니다.

예를 들어, 1kg의 물이 높이 50m에서 아래로 떨어질 때 물의 위치 에너지를 계산하면 490J(줄)이 됩니다. 만약 이 에너지가 모두 물의 온도를 높이는 데 이용된다면 490J의 에너지는 물의 온도를 약 0.1℃ 높입니다. 이 폭포의 평균 유량을 분당 $1.4\times10^5 m^3$ 라고 하고, 폭포 물에서 얻는 에너지로 전력을 생산한다고 해 봅시다. 여기서 유량이란 단위 시간당 흐르는 물의 양을 말합니다.

1초 동안 물이 잃어버리는 위치 에너지를 계산하면 $1.14\times10^9 J$ 이 됩니다. 이 중 20%가 수력 발전에 사용된다면 생산되는 전력은 약 230MW(와트)가 됩니다. 이 계산 값은 공기 저항을 무시한 것이어서 실제로는 더 적습니다.

물방울에는 왜
세모, 네모 모양이 없을까?

· 표면 장력 ·

연잎이 물을 튕겨 내는 것을 '연잎 효과'라고 한다.
연잎의 구조를 모방한 발수 효과를 지닌 제품도 제작되었다.

이른 아침 나뭇잎 위에 맺힌 이슬을 본 적이 있나요? 이슬은 어째서 구슬처럼 동그랗게 맺힐까요? 이슬은 기온이 낮아지는 새벽에, 공기 중의 수증기가 응축하여 생긴 물방울입니다. 이 물방울이 동그란 모양을 유지할 수 있는 이유는 표면 장력의 작용 때문입니다.

액체는 형태를 자유롭게 바꿀 수 있지만 어느 정도 뭉치려는 성질이 있습니다. 각 물질의 분자들이 서로 끌어당기는 '분자간 힘'을 가지고 있기 때문입니다. 유체처럼 움직이는 물질은 분자간 힘이 표면의 면적을 되도록 작게 만들려는 방향으로 작용하는

접촉각이 크면 잘 젖지 않는다.

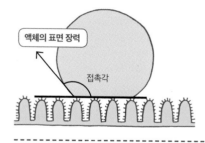

미세한 돌기가 있는 연잎과 물방울은 접촉각이 크므로 표면 장력 때문에 물방울이 동그래진다.

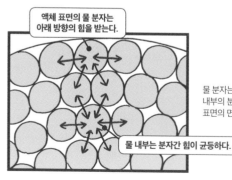

물 분자는 서로 끌어당기는 힘이 작용한다. 내부의 분자가 끌어당겨 표면의 면적이 작아진다.

아는 만큼 보이는 세상 | 물리 편

데, 이 힘을 계면 장력이라고 합니다. 액체일 때는 표면 장력이라고 합니다. 물은 액체 중에서도 표면 장력이 큽니다.

표면이 울퉁불퉁한 잎이 물을 튕겨 내고, 표면 장력에 의해 물방울이 동그래집니다. 연잎에 맺힌 물방울을 생각해 봅시다. 연잎 표면에는 많은 미세한 돌기가 있어 연잎 위의 물방울은 돌기 위에 떠 있는 형태가 됩니다. 이로 인해 표면에 접촉하는 면적이 아주 작아지면서 표면 장력이 커집니다. 또 돌기와 물방울의 접촉각이 크므로 표면 장력 때문에 동그란 물방울을 만듭니다.

연잎이 물을 튕겨 내는 특성은 연잎 효과(로터스 효과)라고 불립니다. 이를 모방해 페인트나 섬유 등 발수 효과를 지닌 제품이 만들어지고 있습니다.

수압이 일으키는
인체의 변화

· 헨리의 법칙 ·

수압은 수심 10m마다 1기압씩 증가한다.
바다 깊이 들어가면 질소의 영향으로 술 취한 듯한 증상이 나타날 때가 있다.

깊은 바닷속은 수압이 매우 높습니다. 깊은 바다에 들어가 스쿠버 다이빙을 즐기다가 잠수병에 걸리는 사람도 있습니다. 잠수병은 다른 말로 '감압병'이라고도 합니다. 물속의 높은 압력 때문에 혈액이나 신체 조직 속에 녹아든 질소가 물 밖에서 갑자기 낮

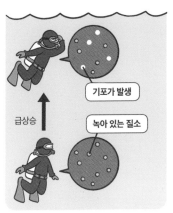

② 급하게 수면 위로 올라오면 질소는 액체에 녹아 있지 못하고 기포가 된다.

기포가 발생

급상승

녹아 있는 질소

① 깊이 잠수해 수압이 높아지면 혈액에 녹아드는 질소의 양이 늘어난다.

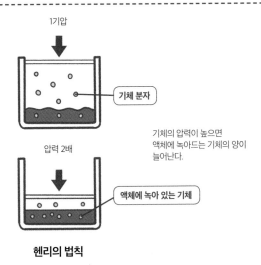

1기압

기체 분자

기체의 압력이 높으면 액체에 녹아드는 기체의 양이 늘어난다.

압력 2배

액체에 녹아 있는 기체

헨리의 법칙

아진 압력 때문에 급격히 기포를 형성하는 병입니다.

질소 기포는 통증을 일으키거나 혈관을 막아 몸에 큰 부담을 줍니다. 기체는 압력이 높을수록 액체에 더 잘 녹는 성질이 있습니다. 바꾸어 말해 액체에 녹아드는 기체의 양은 그 기체의 압력에 비례합니다(헨리의 법칙).

스쿠버 다이빙을 할 때는 질소와 산소가 든 공기통으로 호흡합니다. 잠수해서 수압이 높아지면 수면 위에 있을 때보다 많은 양의 기체, 특히 질소가 혈액 속에 녹아들게 됩니다. 수면 위로 천천히 올라오면 혈액에 녹아 있는 기체가 호흡을 통해 몸 밖으로 나갑니다. 하지만 깊은 바닷속에서 수면 위로 급하게 올라오면 혈액에 녹아 있는 기체가 기화하면서 기포를 만듭니다. 그래서 잠수병의 증상은 주로 스쿠버 다이빙을 하며 오랫동안 바다 깊이 잠수했다가 급하게 수면 위로 올라왔을 때 나타납니다.

마치 꼬리 같은
비행운의 정체는?

· 포화 수증기량 ·

비행기가 선회할 때 날개 끝에서 구름이 만들어지기도 한다.
공기가 건조할 때 만들어진 비행운은 금방 사라진다.

비행기가 지나간 뒤 맑고 푸른 하늘에 가늘고 긴 하얀 선이 생기는 것을 본 적이 있나요? 이는 비행운이라고 불리는 일종의 구름입니다.

구름은 대개 차가워진 공기가 더 이상 수증기를 포함할 수 없는 상태(포화 상태)에 이르면, 남은 수증기가 물이나 얼음 입자로 변하여 공기 중에 떠 있는 것입니다. 비행운도 비행기의 배기가스에 포함된 수증기가 주변의 찬 공기와 섞이면서 만들어진 물이나 얼음 입자로 생기는 것입니다.

예를 들어, 공기는 거의 포화 상태이지만 아직 구름이 만들어지지 않은 하늘이 있다고 합시다. 이 하늘을 비행기가 날아가면 비행기의 배기가스에 포함된 수증기가 주변 공기에 더해지고, 더

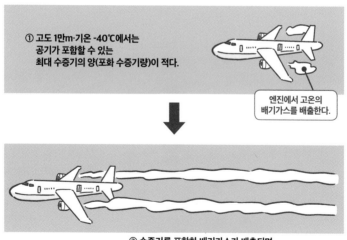

① 고도 1만m·기온 -40℃에서는
공기가 포함할 수 있는
최대 수증기의 양(포화 수증기량)이 적다.

엔진에서 고온의
배기가스를 배출한다.

② 수증기를 포함한 배기가스가 배출되면
주변 공기는 포화 상태에 이르러 비행운이 만들어진다.

해진 만큼의 수증기가 물이나 얼음 입자로 변하여 비행운이 나타납니다.

비행운을 보면 그날 날씨를 짐작할 수 있습니다. 비행운이 금방 사라지면 그날은 맑을 가능성이 높습니다. 비교적 오랫동안 남아 있으면 비가 내릴 수도 있습니다. 공기가 건조할 때는 비행운의 물이나 얼음 입자도 곧 수증기로 돌아가지만, 습할 때는 물이나 얼음 입자 상태로 남기 때문입니다. 즉, 습도가 낮으면 맑은 날씨가 이어지고, 습도가 높으면 곧 비가 내릴 것이라고 예측할 수 있습니다.

상어는 어떻게 그렇게
빠른 걸까?

· 리블렛 구조 ·

크기가 큰 청상아리는 길이가 4m에 달한다.
헤엄치는 속도는 시속 40km가 넘는다.

청상아리는 시속 40km가 넘는 속도로 헤엄치는 가장 빠른 상어로 유명합니다. 이 엄청난 속도의 비밀은 상어의 피부에 있습니다. 상어의 피부 표면은 작고 뾰족한 돌기가 난, 방패 비늘이라는 비늘로 덮여 있습니다. 이 비늘의 돌기로 인해 표면에 울퉁불퉁 미세한 홈이 생깁니다. 이렇게 홈이 파인 구조가 상어가 헤엄칠 때 피부 표면에 생기는 작은 소용돌이 같은 난류를 밀쳐 내어 유체 마찰을 줄입니다. 즉, 물의 저항을 줄여 빠르게 앞으로 나아갈 수 있게 해 주는 것입니다(최근 연구에서는 몸을 뜨게 하는 양력을 높인다는 사실도 밝혀졌습니다).

이와 같이 난류로 인한 유체 마찰을 줄이는 구조를 리블렛이라고 부릅니다. 이를 본떠 표면에 미세한 돌기를 붙인 경기용 수영복도 개발되었습니다.

상어의 피부를 덮고 있는 방패 비늘이
물의 저항을 줄여주므로 헤엄치는 속도가 상승한다.

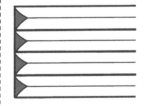

리블렛 구조
상어 피부를 응용해 인공적으로 만든
미세한 홈이 파인 구조. 난류에 의한
유체 마찰을 줄이는 효과가 있다.
경기용 수영복이나 비행기의 표면에
적용하고 있다.

3

CHAPTER

눈에
보이지 않는
힘으로
가득한 세상

- 공기 -

과학적 추론이 논리적 산술 과정에 지나지 않는다면
우리는 물리적 세계를 그다지 깊이 이해하지 못할 것이다.

_ **배너바 부시** Vannevar Bush

비행기가 하늘을 날 수 있는
단 하나의 이유

· 양력 ·

제트 여객기의 순항 고도는 약 1만m이다.
제트 여객기는 약 시속 900km로 난다.

비행기는 날개가 받는 양력 덕분에 하늘을 날 수 있습니다. 날개의 단면을 보면 보통 위쪽은 볼록하게 나와 있고 아래쪽은 상대적으로 평평합니다. 비행기가 앞으로 움직일 때, 날개 앞부분에 부딪힌 공기는 날개의 위쪽과 아래쪽으로 나뉘어 흐르게 됩니다. 이때 날개 위쪽을 지나는 공기는 상대적으로 경로가 길기 때문에 공기의 속도가 빨라집니다. 그러면 공기의 속도가 빠른 날개의 위쪽은 공기의 속도가 느린 아래쪽보다 공기의 밀도가 낮아집니다(기압이 낮음).

힘은 압력이 높은 곳에서 낮은 곳으로 작용하므로, 공기의 밀도가 높은(기압이 높음) 아래쪽에서 날개 위쪽 방향, 즉 아래쪽에서 날개를 들어 올리려고 하는 힘이 작용합니다. 이 힘을 양력이라고 합니다. 양력은 날개의 면적이 크고 날개에 부딪히는 공기의

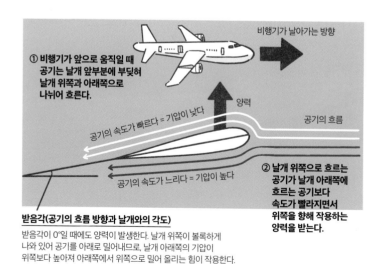

받음각(공기의 흐름 방향과 날개와의 각도)
받음각이 0°일 때에도 양력이 발생한다. 날개 위쪽이 볼록하게 나와 있어 공기를 아래로 밀어내므로, 날개 아래쪽의 기압이 위쪽보다 높아져 아래쪽에서 위쪽으로 밀어 올리는 힘이 작용한다.

아는 만큼 보이는 세상 | 물리 편

속도가 빠를수록 커집니다. 즉, 날개의 형태가 기압 차이를 만들면서 발생하는 양력이 비행기를 띄우는 것입니다.

대형 비행기는 충분한 양력을 얻기 위해 커다란 날개를 달고 있습니다. 이륙할 때나 비행 중에도 강력한 엔진을 돌려 고속으로 이동하며 공기가 더 빠른 속도로 날개에 부딪히게 만듭니다.

왜 연은
당길수록 높이 날까?

· 힘의 평형 ·

연에는 양력·중력·항력·장력이 작용한다.
연은 이 힘들이 평형을 이루어 안정되게 하늘을 난다.

연에는 양력, 중력, 항력, 그리고 연줄을 잡아당기는 장력이 작용합니다. 양력은 연을 위로 들어 올리려는 힘입니다. 연에 부딪힌 바람은 연의 위쪽을 타고 넘어가면서 속도가 빨라지고, 압력은 낮아집니다. 그 결과 연의 위아래에 압력의 차이가 생깁니다. 또한 압력이 높은 아래쪽에서 위쪽으로 공기가 움직이는 양력도 생깁니다(86쪽 참고). 양력은 바람의 속도의 제곱에 비례해 커지므로 바람의 속도가 빠를수록 연은 하늘 높이 날아오릅니다.

속도를 높이려면 바람이 불어오는 쪽으로 달려서 연줄을 잡아당기는 장력이 커지게 하면 됩니다. 장력은 바람이 부는 방향에 따라 뒤로 진행하려는 힘인 항력에 양력과 중력을 더한 힘과 평형을 이루도록 작용합니다. 연줄을 잡아당겨 이 네 가지 힘이 평형을 이루면 연은 안정되게 하늘을 날 수 있습니다.

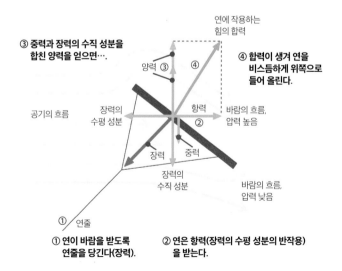

③ 중력과 장력의 수직 성분을 합친 양력을 얻으면….

연에 작용하는 힘의 합력

양력 ③   ④

④ 합력이 생겨 연을 비스듬하게 위쪽으로 들어 올린다.

공기의 흐름

장력의 수평 성분

항력 ②

바람의 흐름, 압력 높음

장력   중력

장력의 수직 성분

바람의 흐름, 압력 낮음

① 연줄

① 연이 바람을 받도록 연줄을 당긴다(장력).

② 연은 항력(장력의 수평 성분의 반작용)을 받는다.

공기에
무게가 있다고?

· 기압 ·

일본 후지산의 해발 고도는 3,776.2m이다.
산 정상 주위는 3km 정도이다.

공기가 눈에 보이지는 않아도 우리 주변에 있다는 건 압니다. 그렇다면 공기에 무게가 있을까요? 답은 '있다'입니다. 지상 부근의 공기 덩어리는 1m³(1m×1m×1m)당 약 1.2kg의 질량을 가집니다. 지구 주위에는 약 500km의 두께를 가진 공기층이 있으며, 이 공기는 사방에서 우리 몸을 상당히 큰 힘으로 누릅니다. 이 공기가 무게로 누르는 힘이 기압을 만들어 냅니다.

높은 산에 올라갔을 때 공기가 희박하다고 느끼는 이유는 우리를 둘러싼 공기의 무게가 산의 높이만큼 줄어들어 기압이 낮아지기 때문입니다. 기압은 위에서 아래로만 작용하는 힘이 아닙니다. 아래에서든 옆에서든 똑같이 작용합니다. 기압은 hPa(헥토파스칼)이라는 단위로 나타내는데, 해발 고도 0m일 때 기온 15℃, 기압 1,013.3hPa인 상태의 공기를 표준 대기라고 합니다. 세계 최고봉 에베레스트의 해발 고도에 맞먹는 8,800m에서 기압은 316.7hPa로 평지의 30% 정도로 내려갑니다.

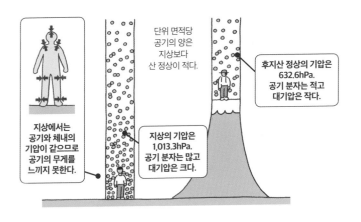

단위 면적당 공기의 양은 지상보다 산 정상이 적다.

후지산 정상의 기압은 632.6hPa. 공기 분자는 적고 대기압은 작다.

지상에서는 공기와 체내의 기압이 같으므로 공기의 무게를 느끼지 못한다.

지상의 기압은 1,013.3hPa. 공기 분자는 많고 대기압은 크다.

맛있는 커피를 내리는 데도
물리의 비법이 숨어 있다

· 기압의 변화 ·

뜨거운 물에 커피 가루가 충분히 우려지므로 일정한 맛을 낼 수 있다.
물은 액체에서 기체가 되면 부피가 약 1,700배 팽창한다.

'사이폰'이라는 커피 추출 방식에는 물(액체)을 가열해 끓이면 수증기(기체)가 되어 부피가 늘어나는 물리 현상이 이용됩니다. 밀폐 공간에서 기체의 부피가 크게 늘어나면 압력이 커지는 원리입니다(물의 상태 변화).

먼저 플라스크에 뜨거운 물을 넣고, 로트(상단 유리)에 커피 가루를 넣습니다. 플라스크의 물이 끓으면 수증기가 되고, 부피가 약 1,700배 팽창합니다. 플라스크 내의 기압이 높아지면 뜨거운 물이 위쪽의 로트로 올라갑니다. 그러면 뜨거운 물과 커피 가루가 섞이면서 로트 내에 커피가 고입니다. 그 후 불을 끕니다. 잠시 후 플라스크 내의 온도가 내려가면 기압도 낮아지므로, 로트 내에서 추출된 커피 액이 아래 플라스크로 떨어집니다.

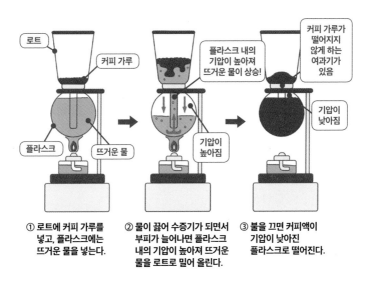

로트

커피 가루

플라스크

뜨거운 물

플라스크 내의 기압이 높아져 뜨거운 물이 상승!

기압이 높아짐

커피 가루가 떨어지지 않게 하는 여과기가 있음

기압이 낮아짐

① 로트에 커피 가루를 넣고, 플라스크에는 뜨거운 물을 넣는다.

② 물이 끓어 수증기가 되면서 부피가 늘어나면 플라스크 내의 기압이 높아져 뜨거운 물을 로트로 밀어 올린다.

③ 불을 끄면 커피액이 기압이 낮아진 플라스크로 떨어진다.

고속열차의 앞코는 왜 뾰족하게 튀어나왔을까?

· 공기 저항 ·

열차 앞부분은 공기의 흐름을 원활하게 하고 진동을 줄인다.
열차 앞부분이 길게 튀어나오면 터널을 빠져나올 때 소음을 줄일 수 있다.

어떤 물체가 물이나 공기 같은 유체 속에서 움직일 때, 그 물체는 진행 방향과 반대로 작용하는 힘, 즉 저항을 받습니다. 고속 열차는 시속 300km 이상의 빠른 속도로 질주하기 때문에 특히 공기 저항을 크게 받습니다. 공기 저항에는 물체 표면에 수직으로 작용하는 압력 때문에 생기는 압력 저항과 평행하게 작용하는 점성력 때문에 생기는 점성 저항이 있습니다. 압력 저항은 운동하는 물체의 속도의 제곱에 비례하여 커지고, 진행하는 방향에 수직하는 부분의 단면적에 비례하여 커집니다.

공기 저항은 유선형에 가까울수록 작아집니다. 고속 열차는 앞부분을 유선형으로 만들거나, 차량과 차량 사이 연결 부분에 덮개를 씌워 평평하게 만듦으로써 공기 저항을 최소화합니다.

공기 저항의 감소

공기 저항을 줄이면 고속 주행이 가능하고
에너지 소비도 줄일 수 있다.

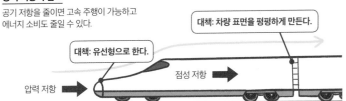

터널 미기압파(micro pressure wave)의 감소

터널 진입 시 발생하는 '터널 미기압파'가 소음의 원인이 된다.

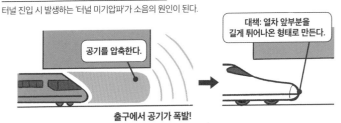

헬리콥터는 어떻게
하늘을 나는 걸까?

· 양력과 작용·반작용 ·

앞으로 날아갈 때는 헬리콥터의 기체와 함께 메인 로터를 앞으로 기울인다.

헬리콥터에는 주 회전 날개(메인 로터)와 꼬리 회전 날개(테일 로터)라는 2개의 회전 날개(로터)가 달려 있습니다. 헬리콥터의 중심에 달려 있는 주 회전 날개가 회전하여 날개에 공기가 부딪히면 헬리콥터는 하늘로 떠오릅니다.

주 회전 날개의 단면은 비행기의 날개와 비슷합니다. 날개 위쪽이 둥글고 아래쪽은 평평하기 때문에 직선인 아래쪽보다 위쪽

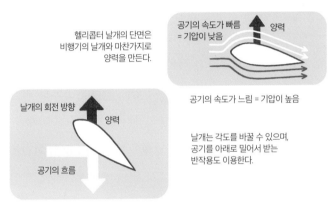

헬리콥터 날개의 단면은
비행기의 날개와 마찬가지로
양력을 만든다.

공기의 속도가 빠름
= 기압이 낮음   양력

공기의 속도가 느림 = 기압이 높음

날개의 회전 방향   양력

공기의 흐름

날개는 각도를 바꿀 수 있으며,
공기를 아래로 밀어서 받는
반작용도 이용한다.

주 회전 날개

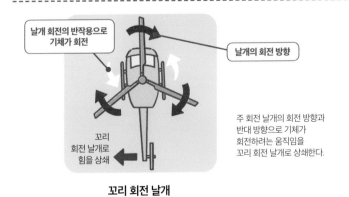

날개 회전의 반작용으로
기체가 회전

날개의 회전 방향

꼬리
회전 날개로
힘을 상쇄

주 회전 날개의 회전 방향과
반대 방향으로 기체가
회전하려는 움직임을
꼬리 회전 날개로 상쇄한다.

꼬리 회전 날개

으로 흐르는 공기의 속도가 빨라지고 기압이 아래쪽보다 낮아집니다. 따라서 기압이 높은 아래쪽에서 위쪽으로 미는 양력이 생겨 날개를 위로 밀어 올리는 것입니다(86쪽 참고).

날개가 빠르게 회전하면 공기가 아래로 내려갑니다. 이에 대한 반작용으로 공기가 날개를 위쪽으로 밀어 올리는 힘이 생기는데, 이것도 양력으로 작용합니다. 주 회전 날개는 각도를 바꿀 수 있으며, 날개의 각도가 커질수록 양력도 커집니다. 날개의 각도가 지나치게 커지면 양력을 얻지 못하게 됩니다.

주 회전 날개가 회전하면 작용·반작용의 법칙(199~200쪽 참고)에 의해 기체는 주 회전 날개가 도는 방향과 반대 방향으로 회전하게 됩니다. 이를 해결하기 위해 헬리콥터에 꼬리 회전 날개를 다는데, 꼬리 회전 날개는 주 회전 날개와 다른 방향으로 회전합니다. 헬리콥터 몸체가 주 회전 날개의 회전 방향과 반대로 회전하려는 움직임을 상쇄하는 역할입니다. 꼬리 회전 날개의 움직임을 통해 기체를 안정시키고 똑바로 유지하게 됩니다.

태풍이 오른쪽으로만
이동한다고?

· 코리올리의 힘 ·

태풍은 진행 방향의 오른쪽이 왼쪽보다 바람이 세다.
해수면 온도가 높을수록 더 강한 태풍이 발생한다.

태풍은 수온이 높은 열대 바다에서 만들어집니다. 바다 위에 만들어진, 수증기를 많이 포함한 따뜻한 공기는 밀도가 낮아져 반시계 방향으로 소용돌이치는 상승 기류가 됩니다. 이후 상공에서 만들어진 구름이 하늘 높이 치솟은 적란운으로 발달합니다. 구름이 만들어지는 과정에서 수증기는 작은 물 입자로 바뀝니다.

이처럼 기체가 액체로 변하는 현상을 응축이라고 하는데, 응축

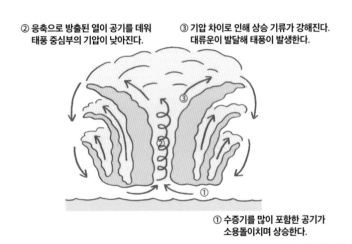

② 응축으로 방출된 열이 공기를 데워 태풍 중심부의 기압이 낮아진다.

③ 기압 차이로 인해 상승 기류가 강해진다. 대류운이 발달해 태풍이 발생한다.

① 수증기를 많이 포함한 공기가 소용돌이치며 상승한다.

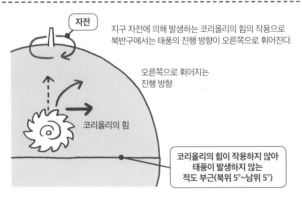

자전

지구 자전에 의해 발생하는 코리올리의 힘의 작용으로 북반구에서는 태풍의 진행 방향이 오른쪽으로 휘어진다.

오른쪽으로 휘어지는 진행 방향

코리올리의 힘

코리올리의 힘이 작용하지 않아 태풍이 발생하지 않는 적도 부근(북위 5°~남위 5°)

아는 만큼 보이는 세상 | 물리 편

이 일어날 때는 많은 양의 열을 방출합니다. 그 열이 주변 공기를 덥히면 상승 기류가 더욱더 강해져 대류운(강한 상승 기류에 의해 수직 방향으로 발달하는 구름)으로 발달합니다. 이 과정이 여러 번 반복되면 열대 저기압 또는 태풍이 만들어집니다. 최대 풍속이 초속 17.2m 미만이면 열대 저기압, 초속 17.2m 이상이면 태풍입니다. 즉, 태풍은 더운 바다에서 증발하는 많은 수증기를 에너지원으로 삼아 만들어지는 것입니다.

북반구에서 움직이는 물체는 진행 방향의 오른쪽으로 힘을 받아 오른쪽으로 휘어지는데, 지구가 서쪽에서 동쪽으로 자전하므로 나타나는 현상입니다. 프랑스 물리학자 코리올리는 이처럼 물체의 진행 방향을 바꾸는 힘을 처음으로 발견하고, '코리올리의 힘'이라는 이름을 붙였습니다. 코리올리의 힘에 의한 소용돌이가 생기지 않는 지역, 즉 코리올리의 힘이 작용하지 않는 적도 부근에서는 태풍이 발생하지 않습니다.

위협적인
토네이도의 비밀

· 상승 기류와 하강 기류 ·

토네이도의 지름은 수십m에서 수백m에 이른다.
토네이도는 '다운버스트'라는 하강 기류로 인한 돌풍도 일으킨다.

토네이도는 차가운 공기와 따뜻한 공기가 충돌하는 한랭 전선 부근이나 거대한 적란운 속에서 발생합니다. 강한 상승 기류를 타고 상층으로 올라간 공기층이 급속하게 차가워지면 하강 기류도 생겨납니다. 차가운 하강 기류가 지상에 도달하면, 따뜻한 공기를 밀어 올리며 소용돌이치는 상승 기류가 또다시 발생합니다.

지표면 부근에서는 소용돌이가 약하지만, 적란운의 강한 상승 기류에 의해 길게 늘어나면 회전 속도가 빨라집니다. 바로 이것이 토네이도로 발달합니다. 즉, 토네이도는 강한 상승 기류와 하강 기류 사이에 소용돌이치는 상승 기류가 생기면서 일어나는 것입니다.

이는 각운동량 보존 법칙과 관련이 있습니다. 각운동량이란 회

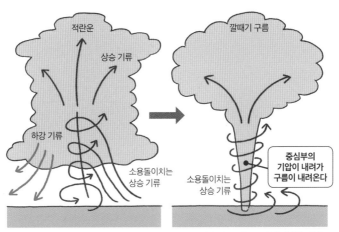

적란운이 수직으로 발달하면 상승 기류와 하강 기류 사이에, 소용돌이치는 좁은 폭의 상승 기류가 발생한다.

소용돌이가 상승 기류로 인해 길게 늘어나 가늘어지면 각운동량 보존 법칙에 따라 회전 속도가 빨라지면서 토네이도가 된다.

전 운동의 크기를 나타내는 개념으로, '각운동량=질량×회전 반지름^2×각속도'로 구할 수 있습니다. 각운동량이 보존된다는 말은 회전 반지름이나 각속도가 변해도 각운동량은 일정한 값으로 유지된다는 뜻입니다.

피겨 스케이팅 선수가 제자리에서 회전하는 스핀 연기를 한다고 해 봅시다. 스핀할 때는 처음에 팔을 벌리고 천천히 회전하다가 팔을 안으로 모으면서 회전 속도를 높입니다. 팔을 모으면 회전 반지름이 작아지는 대신 회전 속도가 빨라지면서(각속도가 커지면서) 각운동량이 일정하게 보존되는 것입니다. 마찬가지로 토네이도 역시 약한 소용돌이가 길게 늘어나 가늘어지면 회전 반지름은 작아지고 회전하는 속도가 빨라집니다.

나뭇잎이 팔랑팔랑 떨어지는 이유

· 공기 저항 ·

10~11월경이면 잎이 떨어진다.
은행잎은 거의 하루 만에 떨어진다.

갈릴레오가 낙체 법칙에서 밝혔듯이, 진공 상태라면 같은 높이에서 나뭇잎과 쇠구슬을 떨어뜨려도 같은 속도로 낙하하여 동시에 땅에 떨어집니다. 하지만 공기 중에서 낙하하는 물체에는 중력과 공기 저항력이 작용합니다.

무거운 쇠구슬에는 공기 저항력보다 훨씬 큰 중력이 작용하므로, 쇠구슬은 가벼운 나뭇잎보다 빨리 땅에 떨어집니다. 낙하산처럼 무게에 비해 면적이 넓은 나뭇잎에는 중력이 작게 작용하고, 공기 저항력은 크게 작용하므로 낙하 속도가 느려집니다. 나뭇잎은 떨어지면서 방향을 바꾸기 때문에 공기 저항력도 그때마다 달라집니다.

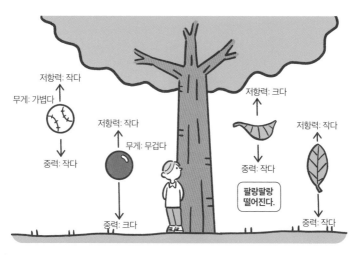

물체의 크기와 모양이 같을 때는 무게가 무거울수록 물체가 받는 중력이 커지고, 중력에서 공기 저항력을 뺀 값이 커지므로 낙하 속도가 빠르다.

팔랑팔랑 춤추며 떨어지는 나뭇잎은 지면과 수평이 됐을 때 공기 저항력이 가장 크고, 수직이 됐을 때 가장 작다.

아는 만큼 보이는 세상 | 물리 편

떨어지는 나뭇잎을 옆에서 관찰해 보면 나뭇잎이 수평일 때 공기 저항력이 가장 크고, 수직일 때 가장 작습니다. 공기의 저항력이 중력에 대항하며 나뭇잎의 낙하 운동을 복잡하게 만드는 것입니다.

물체가 낙하할 때는 주변 공기에 소용돌이가 생깁니다. 낙하하는 물체는 그 소용돌이의 영향도 받습니다. 우리가 전혀 느끼지 못해도 바람은 항상 상하좌우 여러 방향에서 불고 있습니다. 그 바람의 영향을 받아 떨어지기 때문에 나뭇잎이 복잡한 운동을 하게 되는 것입니다.

굴뚝의 흰 연기는
왜 금세 사라질까?

· 수증기의 응축 ·

습도가 높고 기온이 낮은 날에는 흰 연기가 하늘 높이 솟아오른다.

굴뚝에서 올라오는 흰 연기는 구름과 마찬가지로 수증기가 응축되어 우리 눈에 보이는 현상입니다. 폐기물 처리 시설을 예로 들면, 소각로에서 쓰레기를 태울 때 발생하는 연소 배기가스는 유해 물질이 제거된 상태로 굴뚝에서 배출됩니다. 이때 배기가스의 온도는 약 200℃로 매우 높습니다.

뜨거운 배기가스가 외부의 차가운 공기와 만나면 그 속의 수증기는 급격하게 식습니다. 그렇게 수증기가 물 입자로 변하면서 흰 연기로 보이는 것입니다. 물 입자가 증발하여 수증기로 돌아가면서 흰 연기는 대개 사라집니다.

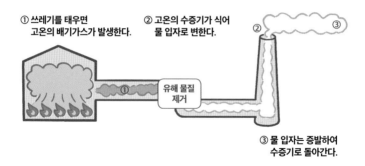

① 쓰레기를 태우면 고온의 배기가스가 발생한다.

② 고온의 수증기가 식어 물 입자로 변한다.

유해 물질 제거

③ 물 입자는 증발하여 수증기로 돌아간다.

비행기가 날 때
깔때기 구름이 생기는 이유

· 수증기의 응축 ·

바다 위를 나는 제트기에서 흔히 볼 수 있다.

하늘을 빠르게 나는 비행기 주변에 깔때기 모양의 구름이 생기는 장면을 본 적이 있나요? 이는 베이퍼 콘(수증기의 원추)이라고 불리는 구름입니다. 습도가 높은 지역에서 고속으로 비행할 때 생성됩니다.

음속에 가까운 속도로 비행할 때, 비행기 주변에는 충격파가 발생합니다. 이 충격파로 인해 비행기 기체의 일부 영역에서는 기압과 온도가 급속하게 떨어집니다. 이 과정에서 수증기가 응축하여 깔때기 모양의 구름이 만들어지는 것입니다.

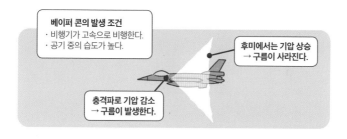

베이퍼 콘의 발생 조건
· 비행기가 고속으로 비행한다.
· 공기 중의 습도가 높다.

후미에서는 기압 상승
→ 구름이 사라진다.

충격파로 기압 감소
→ 구름이 발생한다.

구름이 만들어지는
단 세 가지 단계

· 응축과 단열 팽창 ·

구름이 두꺼워지면 빛이 통과하지 못해 검게 보인다.
구름은 10가지 종류로 분류된다(아래 사진은 적란운).

구름이 만들어지려면 위쪽으로 향하는 공기의 운동인 상승 기류가 있어야 합니다. 지상에서 공기가 데워지면 가벼워져 위로 상승하거나, 따뜻한 공기 덩어리와 차가운 공기 덩어리가 부딪혀서 만들어지기도 합니다. 위로 올라갈수록 기압이 낮아지므로 상승한 공기 덩어리는 팽창해서 온도가 내려갑니다. 이 단열 팽창(외부에서 열을 가하지 않는 상태에서 공기를 팽창시키면 온도가 내려가는 현상)에 의해 상승한 공기 중의 수증기가 응축(냉각 또는 압축으로 포화된 증기가 액체로 변화하는 현상)하면서 구름이 만들어집니다.

　상공에서 온도가 내려가 공기 덩어리가 최대한 머금을 수 있는 수증기의 양을 넘게 되면 공기 중의 먼지 등 응결핵을 중심으로 수증기가 뭉치고, 이렇게 만들어진 물이나 얼음 입자가 구름이 됩니다. 습할 때는 낮은 위치에서 구름이 만들어지고, 건조할 때는 높은 상공까지 상승해야 구름이 만들어집니다.

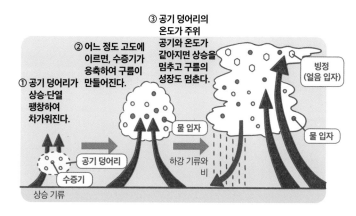

상공에서 수증기가 단열 팽창을 거쳐 응축하면 구름이 만들어진다.

구름의 대표적인 형태 10가지

구름은 높이에 따라 3가지 종류, 모양에 따라 10가지 종류로 나뉜다.

하층운: 층운(안개구름)

회색빛 안개와 같은 하층운. 구름 중에서 가장 낮은 위치인 지상~600m 정도에 나타난다. 간혹 안개비를 내리게 한다.

하층운: 적운(뭉게구름)

하얀 솜뭉치처럼 생긴 대류운. 구름의 밑면이 평평하고 구름이 끼는 높이가 일정하다. 더 발달하면 탑 모양의 적운이 되기도 한다.

하층운: 층적운(층쌘구름)

회색 혹은 회색과 흰색이 섞인 큰 덩어리의 하층운. 규칙적으로 늘어선 모양이 흡사 밭고랑처럼 보인다.

하층운: 적란운(소나기구름)

큰 산이나 탑처럼 수직으로 발달한 대류운. 단시간에 발달하고 강한 비, 돌풍, 천둥과 번개를 동반한 비 등의 기상 현상을 갑자기 일으킨다.

중층운: 고적운(양떼구름)

둥글둥글하게 덩어리진 구름이 규칙적으로 늘어선 흰색 혹은 회색의 중층운. 1년 내내 볼 수 있다.

중층운: 고층운(차일구름)

하늘 전체나 대부분을 덮는 베일처럼 보이는 회색의 중층운. 태양이 불투명 유리를 통과한 것처럼 흐릿하게 보인다.

중층운: 난층운(비구름)

하늘을 두껍게 덮는 짙은 회색의 중층운. 비나 눈을 내리게 한다. 더 발달하면 상층·하층까지 펼쳐진다.

상층운: 권운(새털구름)

붓으로 그린 듯한 모양으로, 하늘의 가장 높은 곳에 나타나는 상층운. 가을부터 겨울 사이에 자주 볼 수 있다.

상층운: 권적운(조개구름, 비늘구름)

작은 구름 덩어리가 규칙적으로 늘어서 생선 비늘 모양으로 나타나는 상층운. 가을을 대표하는 구름이다. 얼음 입자로 이루어져 있다.

상층운: 권층운(햇무리구름)

얇게 덮이는 베일과 같은 모양의 상층운으로, 얼음 입자로 이루어져 있다. 태양이나 달 주변에 햇무리나 달무리를 발생시킨다.

CHAPTER

가장
짜릿하고도
강력한 힘이
만든 세상

- 열 -

자연은
불필요한 것을 만들지 않는다.

_ 아리스토텔레스 Aristoteles

아름다운 오로라는
어떻게 만들어질까?

· 자기장과 플라스마 ·

80km 이상 상공에 나타난다.
오로라는 북극과 남극 지방에서 관측할 수 있다.

오로라는 북극이나 남극 주변 지역에서 관측할 수 있는 아름다운 자연 현상입니다. 오로라가 생기는 원리는 지구의 자기장과 플라스마와 관련이 있습니다.

지구는 북극과 남극에 자극을 가진 하나의 커다란 자석으로 볼 수 있습니다. 따라서 북극과 남극 사이에는 자기력이 작용하며, 자기력은 작용하는 방향을 나타내는 자기력선으로 그려 나타낼 수 있습니다.

자기력이 작용하는 공간을 자기장이라고 합니다. 또한 태양에서 우주 공간으로 방출된 플라스마(전기를 띤 입자)의 흐름을 태양풍이라고 합니다. 지구는 보호막 역할을 하는 자기장이 둘러싸고 있기 때문에, 태양풍은 지구를 피해 휘어진 형태로 지구 뒤쪽으

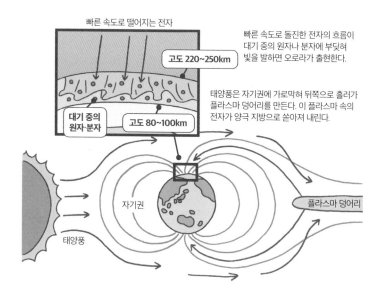

빠른 속도로 떨어지는 전자

고도 220~250km

빠른 속도로 돌진한 전자의 흐름이 대기 중의 원자나 분자에 부딪혀 빛을 발하면 오로라가 출현한다.

대기 중의 원자·분자

고도 80~100km

태양풍은 자기권에 가로막혀 뒤쪽으로 흘러가 플라스마 덩어리를 만든다. 이 플라스마 속의 전자가 양극 지방으로 쏟아져 내린다.

자기권

플라스마 덩어리

태양풍

로 흘러가 거기에 플라스마 덩어리를 만듭니다. 그 후 플라스마 속의 전자가 지구의 자기력선을 따라 가속되어 극지방으로 쏟아져 내립니다. 이때 전자는 대기 중의 원자나 분자와 부딪혀 빛을 내는데, 이 현상이 바로 오로라입니다. 즉, 우주에서 날아오는 전기를 띤 입자가 지구 상공에서 대기와 부딪혀 빛을 내는 현상을 말합니다.

전자는 부딪히는 원자나 분자의 종류에 따라 색이 변합니다. 예를 들어 산소 원자와 부딪히면 빨간색이나 백록색이 나타나고, 질소 원자와 부딪히면 분홍색으로 물듭니다. 이렇게 해서 형형색색으로 빛나는 오로라를 볼 수 있는 것입니다.

태양 빛을
전기로 바꾸는 원리

· 빛 에너지의 변환 ·

태양광 발전은 빛 에너지를 전기 에너지로 바꾸는 발전이다.

태양전지는 태양의 빛 에너지를 전기로 변환하는 장치로 태양광 발전의 핵심 구성 요소입니다. 태양전지로 가장 많이 쓰이는 것은 실리콘 계열 태양전지로, 반도체를 이용해서 만듭니다. 반도체에는 n형과 p형 2종류가 있는데, 태양전지는 이 2종류의 반도체를 붙인 pn 접합형 구조를 이룹니다.

태양전지에 빛을 쬐면 n형 반도체와 p형 반도체가 만나는 접합면 부근에서 양전하를 가진 양공(hole)과 음전하를 가진 전자가 생깁니다. 양공은 p형으로 이동하고, 전자는 n형으로 이동합니다. 이때 전극에 전구를 연결하면 전류가 흐릅니다. 태양전지에 강한 빛이 내리쬘수록 더 큰 전류가 발생합니다.

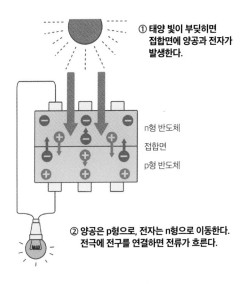

① 태양 빛이 부딪히면 접합면에 양공과 전자가 발생한다.

n형 반도체
접합면
p형 반도체

② 양공은 p형으로, 전자는 n형으로 이동한다. 전극에 전구를 연결하면 전류가 흐른다.

바람의 힘을
전기로 바꾸는 원리

· 전자기 유도 ·

바람이 강한 경우 날개의 각도를 줄여 풍압을 조정한다.

전 세계적으로 태양광 발전과 더불어 풍력 발전이 느는 추세입니다. 특히 강한 바람이 부는 바다에 풍력 발전기가 꾸준히 건설되고 있습니다.

풍력 발전기의 구조는 간단합니다. 날개(블레이드)는 바람을 받으면 바람개비처럼 천천히 회전합니다. 하지만 그것만으로는 회전수가 낮기 때문에 증속기로 회전수를 높인 다음 발전기를 돌립니다. 이때 만들어진 전기를 변압기를 통해 사용하기에 적합한 전압으로 바꿔 송전선으로 보내는 것입니다.

발전기는 자석과 코일을 이용해 전류를 발생시킵니다. 전선을 감은 코일 주위에서 자석을 회전시키면 코일에 전류가 흐릅니다. 이러한 현상을 전자기 유도라고 하고, 이때 발생하는 전류를 유도 전류라고 부릅니다. 이 원리를 이용해 자기장(자석의 힘이 미치는 공간) 속에서 코일을 회전시키거나 코일 주위에서 자석을 회전시켜 효율적으로 전류를 만들어 내는 것이 발전기입니다.

날개가 바람을 받아 회전하고,
증속기로 회전수를 높여 발전기를 돌린다.

물의 힘을 전기로 바꾸는 원리

· 위치 에너지의 변환 ·

수력 발전은 위치 에너지를 전기 에너지로 바꾼다.

수력 발전은 물이 떨어지는 힘을 이용해 수차를 회전시키고, 수차에 연결된 발전기를 돌려 전기를 생산하는 방식입니다.

댐식 수력 발전의 경우 높은 곳에 가둬 둔 물이 낮은 곳으로 떨어지는 힘, 즉 물의 위치 에너지를 이용해 수차를 회전시켜 전기를 만들어 냅니다.

많은 양의 물이 수차에 떨어지면 발전량이 증가하고, 댐을 높은 곳에 지으면 물이 떨어지는 힘이 커집니다. 따라서 댐의 저수량과 발전량을 늘리기 위해 댐을 더 높이는 증축 공사를 하는 댐도 있습니다.

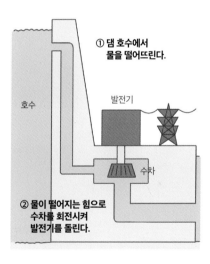

비닐 랩은 왜 그렇게
달라붙을까?

· 반데르발스 힘 ·

비닐 랩은 1909년 미국에서 발명되었다.
비닐 랩의 두께는 0.01mm이다.

식품용 비닐 랩이 그릇에 잘 달라붙는 이유는 주로 두 가지 힘이 작용하기 때문입니다. 첫 번째는 비닐 랩과 그릇의 표면 사이에 작용하는 반데르발스(van der Waals) 힘입니다. 비닐 랩의 표면은 매우 평평하고 매끄러우며, 두께는 약 0.01mm로 매우 얇고 유연성이 있어 어떤 형태의 물체에든 잘 달라붙습니다. 비닐 랩을 잡아당겨 그릇의 가장자리에 붙이면, 비닐 랩의 분자와 그릇의 분자가 매우 가까운 거리에서 마주 보게 됩니다. 이때 분자와 분자 사이에 서로 끌어당기는 힘(반데르발스 힘)이 작용합니다.

두 번째는 정전기의 힘입니다. 비닐 랩은 단단히 감겨 있던 부분을 잡아당겨 떼어 낼 때 음전하를 띠게 되고, 이 떼어 낸 비닐 랩을 그릇에 가까이 가져가면 그릇 표면은 양전하를 띠게 됩니다. 이 양전하와 음전하가 서로 끌어당기는 힘도 비닐 랩과 그릇을 밀착시키는 작용을 합니다.

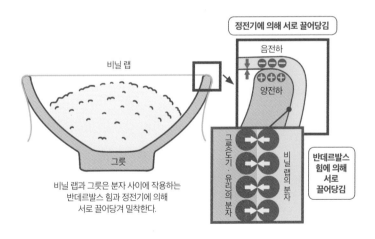

비닐 랩과 그릇은 분자 사이에 작용하는
반데르발스 힘과 정전기에 의해
서로 끌어당겨 밀착한다.

태양 빛에는
빛만 있는 게 아니라고?

· 전자기파 ·

태양과 지구 사이의 거리는 1억 4,960만km이다.
지구에 도달하는 태양 에너지는 1초에 약 175조kW나 된다.

아침이 되어 해가 뜨면 주위가 밝아집니다. 따스함도 함께 느껴지는 것은 빛과 함께 열도 도달하기 때문입니다. 이 열은 적외선의 형태로 지구로 운반됩니다. 빛이나 적외선은 '전자기파'의 하나이며, 그중 우리 눈에 보이는 빛은 가시광선이라고 합니다.

그 밖에 태양에서 오는 전자기파에는 자외선, 전파, X선 등이 포함됩니다. 즉, 파장이 다를 뿐 본질적으로는 모두 전자기파입니다. 지구는 태양이 쏟아 내는 높은 에너지를 전자기파의 형태로 받고 있습니다. 또 전자기파의 파장을 알면 물체의 온도를 알 수 있는데, 태양 표면의 온도는 약 6,000℃로 추정됩니다.

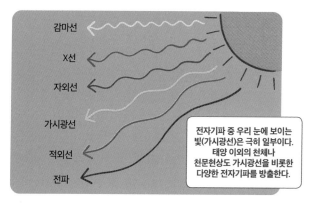

전자기파 중 우리 눈에 보이는 빛(가시광선)은 극히 일부이다. 태양 이외의 천체나 천문현상도 가시광선을 비롯한 다양한 전자기파를 방출한다.

감마선: 10pm보다 파장이 짧은 전자기파. X선보다 투과력이 크다. pm(피코미터)는 1조분의 1m, nm(나노미터)는 10억분의 1m이다.

X선: 파장이 1pm~10nm 정도인 전자기파. 뢴트겐이 처음 발견했기 때문에 뢴트겐선이라고도 부른다.

자외선: 대부분 지상에 도달하지 않는다. 햇볕에 피부가 그을리는 원인이다.

가시광선: 우리 눈에 보이는 빛이다.

적외선: 주로 열을 복사의 형태로 운반해 오므로 따뜻하게 느껴진다.

전파: 파장이 0.1mm 이상인 전자기파.

왜 바닷물은 모래사장만큼 뜨거워지지 않을까?

· 비열 ·

모래사장의 온도는 60℃가 넘을 때도 있다.

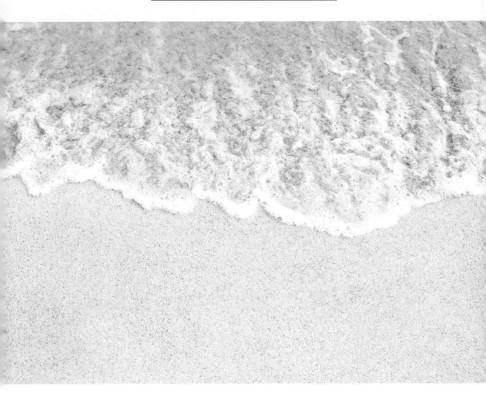

강한 햇볕이 내리쬐는 여름이면 바닷가 모래사장은 뜨겁게 달 궈져 발 디디기조차 힘들지만, 바닷물은 미지근하게 데워집니다. 모래사장과 바닷물은 왜 똑같이 뜨거워지지 않을까요? 바로 비열 의 차이 때문입니다. 비열이란 물질 1g의 온도를 1℃ 높이는 데 필요한 열량을 말합니다.

물의 비열은 1cal/(g·℃)(1cal는 4.2J이므로 4.2J/(g·℃)로 나타낼 수 있 음)로 다른 물질보다 훨씬 큽니다. 모래의 비열은 바닷물보다 작 기 때문에 온도가 빨리 올라가 금방 뜨거워집니다.

같은 원리로 밤에는 낮과 반대로 모래사장보다 바닷물이 더 따 뜻합니다. 모래는 비열이 작기 때문에 금방 식지만, 비열이 큰 바 닷물은 온도가 잘 변하지 않기 때문입니다.

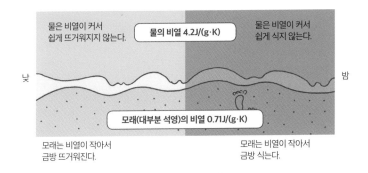

뜨거운 열만 있으면
하늘을 날 수 있다고?

· 열 에너지와 기체의 밀도 ·

열기구의 세계 최고 고도 기록은 2만 1,017m이다.
20kg의 LPG를 채운 연료 탱크 하나로 약 30~40분 비행할 수 있다.

세계 최초로 열기구를 발명한 사람은 18세기 프랑스의 제지 공장 가문에서 태어난 몽골피에 형제입니다.

형 조셉은 빨래를 말리려고 피워 놓은 모닥불의 열기와 연기를 받아 빨래가 부풀어 공중으로 날아오르려 하는 모습을 보고 가열된 공기는 가벼워진다는 사실을 알게 되었습니다. 조셉은 동생 자크와 열기구를 제작해 하늘로 날리는 실험을 했고, 1783년 사람을 태우고 하늘을 나는 유인 비행에 성공했습니다.

기체 분자는 공간 속을 자유롭게 떠돌아다닙니다. 액체는 분자끼리 서로 연결되어 있는 상태지만, 기체가 되면 분자끼리 연결이 끊어져 자유롭게 움직일 수 있습니다. 떠돌아다니는 기체 분

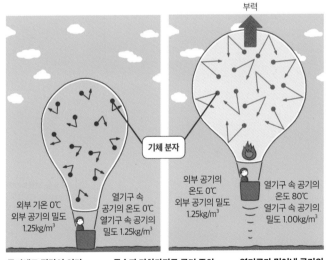

부력

기체 분자

외부 기온 0℃
외부 공기의 밀도
1.25kg/m³

열기구 속 공기의 온도 0℃
열기구 속 공기의 밀도 1.25kg/m³

외부 공기의 온도 0℃
외부 공기의 밀도
1.25kg/m³

열기구 속 공기의 온도 80℃
열기구 속 공기의 밀도 1.00kg/m³

공기에도 질량이 있다. 부피가 일정할 때 밀도가 클수록 무겁고, 밀도가 작을수록 가볍다.

물속과 마찬가지로 공기 중의 물체는 그 물체가 밀어낸 공기의 무게만큼 위쪽으로 밀어 올리는 힘을 받는다.

열기구가 밀어낸 공기의 무게보다 열기구 속 공기의 무게가 가벼워지면 공중으로 떠오른다.

자는 온도가 높아져 열 에너지를 얻으면 한층 더 활발하게 움직입니다. 그 결과 분자들 사이의 거리가 멀어지면서 부피가 커집니다. 열기구 풍선 속 공기의 경우, 가열된 기체 분자는 풍선 안쪽 벽에 격렬하게 부딪히며 풍선을 부풀어 오르게 합니다.

열기구 속 기체 분자의 개수는 변하지 않은 상태에서 부피만 커진 것이므로, 열기구 속 공기가 수변의 공기보다 가벼워져 열기구가 공중으로 떠오르는 것입니다.

하늘을 가로지르는
1억 볼트의 번개

· 정전기 ·

구름 속에서도 방전이 일어난다.
한여름에 벼락이 많이 친다.

장마철이면 먹구름 사이에서 번개가 번쩍 치고 천둥소리가 우르르 쾅쾅 요란하게 울릴 때가 있습니다. 특히 번개 중 땅으로 직접 떨어지는 것을 벼락이라고 합니다. 벼락이 칠 때는 뇌운(적란운) 속의 전압만 최소 1억V(볼트)가 넘는 강력한 전기가 지상으로 떨어지며 방전됩니다.

그러면 벼락은 어떻게 생기는 걸까요? 태양 빛을 받아 지표면이 뜨겁게 데워지면 팽창한 공기가 상공으로 올라가 거대한 적란운이 만들어집니다. 적란운 속에서 얼음 입자들이 서로 부딪치면서 정전기가 발생합니다.

구름 위쪽의 작은 얼음 입자는 양(+)전하, 아래쪽의 큰 얼음 입자는 음(-)전하로 대전됩니다. 그러면 구름 아래쪽과 마주보는 지상은 양전하로 대전됩니다. 이렇게 양전하와 음전하가 계속 쌓이

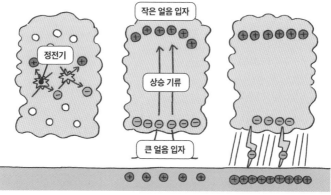

① 구름 속에서 얼음 입자가 서로 부딪치며 정전기가 발생한다.

② 상승 기류를 타고 올라가다 위쪽은 양(+)전하, 아래쪽은 음(-)전하로 분리된다.

③ 전하가 쌓이면 지상은 양전하로 대전되고, 어느 정도 쌓이면 방전이 일어난다.

다가 구름 아래쪽의 음전하가 지상의 양전하를 향해 떨어지는 것이 벼락입니다.

우리 몸에 정전기가 쌓여 있으면 문손잡이를 잡으려는 순간 방전되면서 손끝에 찌릿한 충격을 느끼게 됩니다. 적란운에 쌓인 전하도 지상의 나무나 철탑, 피뢰침같이 높고 끝이 뾰족한 물체로 향합니다.

보통 때는 공기가 절연체이므로 전기가 잘 통하지 않지만, 벼락이 칠 때는 온도나 습도 등 기상 조건에 맞게 가장 빠르게 이동할 수 있는 길을 찾으며 나아갑니다. 그래서 여기저기 꺾이면서 지그재그로 진행되는 것입니다. 이때 발생하는 소리가 공기를 가르는 듯 우르릉 쿵쾅 울리는 천둥입니다. 덧붙여 번개의 온도는 약 3만℃에 이릅니다.

우주에서 정보를 보내는 GPS의 원리

· 전파 ·

<u>GPS는 미국 국방성에서 개발한 시스템이다.</u>

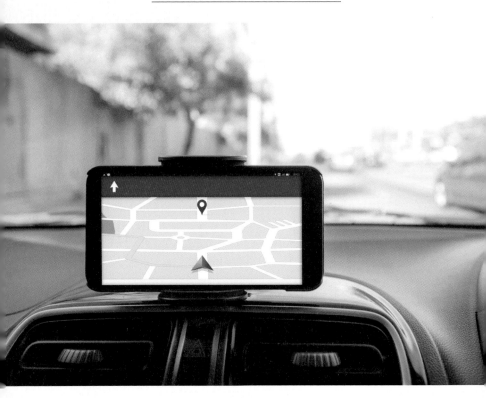

GPS는 인공위성을 이용해 자신의 위치를 파악하는 시스템입니다. 현재 고도 약 20,000km 상공에서 약 30대의 GPS 위성이 지구 주위를 돌고 있습니다. 4대의 GPS 위성에서 보내는 전파를 수신할 수 있으면 전 세계 어느 곳에서든 자신의 위치를 정확히 알 수 있습니다.

GPS 위성과, GPS 위성에서 보내는 전파를 받는 수신기의 위치는 아래 그림처럼 삼각뿔을 거꾸로 뒤집어 놓은 형태가 됩니

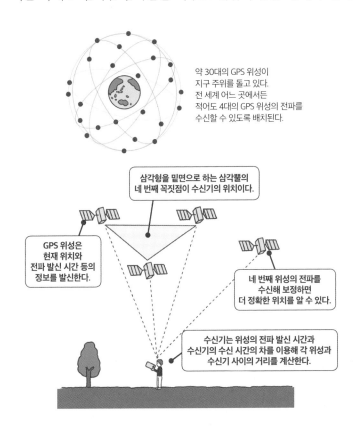

약 30대의 GPS 위성이 지구 주위를 돌고 있다. 전 세계 어느 곳에서든 적어도 4대의 GPS 위성의 전파를 수신할 수 있도록 배치된다.

삼각형을 밑면으로 하는 삼각뿔의 네 번째 꼭짓점이 수신기의 위치이다.

GPS 위성은 현재 위치와 전파 발신 시간 등의 정보를 발신한다.

네 번째 위성의 전파를 수신해 보정하면 더 정확한 위치를 알 수 있다.

수신기는 위성의 전파 발신 시간과 수신기의 수신 시간의 차를 이용해 각 위성과 수신기 사이의 거리를 계산한다.

다. 밑면의 형태가 정해져 있을 때 밑면 외 세 변의 길이를 알면 네 번째 꼭짓점의 위치를 계산할 수 있습니다. 즉, GPS 위성 3대와 수신기 사이의 거리를 알면 수신기의 위치를 알아낼 수 있다는 뜻입니다. 위성과 수신기 사이의 거리는 위성의 전파가 수신기에 도달하는 데 걸린 시간을 측정해서, 이 시간에 전파의 속도를 곱해 주면 구할 수 있습니다. 따라서 3대의 위성을 꼭짓점으로 하는 삼각형에서 지상의 꼭짓점을 향해 그은 3개의 변의 길이(위성과 수신기 사이의 거리)가 정해지므로 네 번째 꼭짓점의 위치를 알 수 있습니다. 현재 수신기(스마트 폰이나 자동차의 내비게이션 등)의 위치를 확인할 수 있는 것입니다.

이론상으로는 GPS 위성이 3대 있으면 현재 자신의 위치를 알 수 있지만, 네 번째 GPS 위성에서 보낸 전파를 수신해 보정하면 더 정확한 위치를 알 수 있습니다.

아름다운 다이아몬드는
어떻게 만들어질까?

· 온도와 압력 ·

다이아몬드는 견고한 결정 구조를 가졌다.
다이아몬드는 천연 광물 중 가장 단단한 물질로 알려져 있다.

보석의 왕 다이아몬드와 연필심의 재료인 흑연은 사실 형제 사이입니다. 다이아몬드와 흑연은 둘 다 순수하게 탄소로만 이루어진 광물이거든요.

천연 다이아몬드는 약 10~33억 년 전 지하 약 200km 부근의 맨틀 내 깊숙한 곳에서 생성된 탄소 결정체입니다. 1,000℃에 달하는 온도에서 탄소가 약 4만 기압이 넘는 압력을 받을 때 만들어집니다. 맨틀 내의 초고온·초고압 상태에서 압축된 탄소 원자 하나가 다른 4개의 탄소와 결합하여 정사면체 구조를 이루고, 이 정사면체들이 오랜 시간에 걸쳐 견고하게 연결되어 정팔면체 형태의 다이아몬드 결정으로 성장합니다.

반면에 흑연은 탄소 원자 하나가 다른 탄소 원자 3개와 결합하여 육각형을 이루며 얇은 판 모양의 구조를 이룹니다. 맨틀 내에서 만들어진 다이아몬드는 수억 년 전 화산이 분출할 때 마그마와 함께 지표면 근처까지 빠르게 이동했습니다. 오랜 시간에 걸

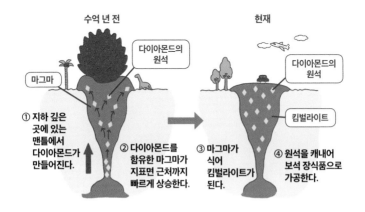

아는 만큼 보이는 세상 | 물리 편

쳐 천천히 상승하면 다이아몬드도 흑연으로 변하기 때문에 단시간에 올라왔을 것으로 추정됩니다.

이때 만들어진 화성암(마그마가 식어 굳은 암석)을 킴벌라이트라고 부르는데, 때때로 다이아몬드가 들어 있으며 남아프리카 등에 분포하고 있습니다.

다양한 보석의 원석

보석의 원석에는 다이아몬드와 같은 무기물 결정 외에도 다양한 종류가 있다.

애미시스트

'자수정'이라고 불리는 보라색 석영(이산화규소의 결정). 석영은 유리 광택을 띠는 광물로, 색에 따라 무색은 수정, 황색은 황수정 등 다른 이름으로 부른다.

라피스 라줄리

라주라이트(청금석)를 주성분으로 여러 종류의 광물이 섞여 형성된 암석이다. 동양에서는 오래전 '유리'라고 불렀다. 고대부터 귀하게 여긴 보석으로, 울트라마린이라는 파란색 염료를 만드는 데 사용되었다.

사파이어

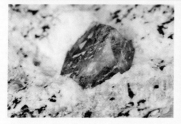

산화알루미늄의 결정으로 이루어진 광물로, 커런덤(강옥)의 하나이다. 산화알루미늄 결정에 불순물이 섞여 들어가 투명한 청색을 띠게 된 강옥을 사파이어로 가공한다.

오팔

다량의 수분을 함유한 규산 광물의 하나이다. 우윳빛을 띠고 있기 때문에 '단백석'이라고도 불린다. 내부의 미세한 균열이 빛을 산란시켜 무지개 색으로 빛난다.

앰버(호박)

지질 시대의 소나무 삼나무 식물의 수지(수액)가 굳어 만들어진 화석의 하나이다. 호박 속에 곤충과 같은 생물이 들어 있는 경우에는 진귀한 것으로 평가받는다.

5

CHAPTER

신비한
생명의 비밀이
가득한
세상

- 지구 -

과학에서 새로운 발견을 알리는 가장 신나는 표현은
"유레카!(찾았다)"가 아니라 "그거 재미있네!"이다.

_ 아이작 아시모프 Isaac Asimov

별은 얼마나 멀리 떨어져 있을까?

· 연주 시차 ·

우리 눈에 보이는 별은 약 8,600개이다.
하늘에서 가장 밝은 별인 시리우스는 지구에서 8.7광년 떨어져 있다.

우리가 상상도 못할 만큼 머나먼 별까지의 거리는 어떻게 알 수 있을까요?

지구에서 가까운 별의 거리는 삼각 측량으로 구합니다. 삼각 측량이란 한눈에 볼 수 있는 세 점을 선택해 삼각형을 만들고, 두 점 사이의 거리와 각도를 측정하여 다른 두 변의 길이와 꼭짓점의 위치를 구하는 계산 방법입니다.

더불어 우리가 어떤 물체를 볼 때, 왼쪽 눈과 오른쪽 눈은 두 눈 사이의 거리만큼 시선의 방향이 다릅니다(시차). 이와 마찬가지로 태양 주위를 돌고 있는 지구에서는 같은 별이라도 계절에 따라 별이 보이는 방향이 달라집니다.

지구의 공전 운동에 따라 별의 위치가 달라 보이는 현상을 연주 시차라고 부릅니다. 어떤 한 별을 여름과 겨울에 측정하면, 약

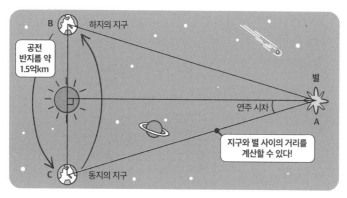

B와 C에서 별 A의 방향을 측정하면, B와 C의 각도를 알 수 있다.

B, C 사이의 거리는 공전 반지름에서 알 수 있으므로
ABC로 그린 삼각형 그림에서 A, B(A, C) 사이의 거리를 구할 수 있다.

3억km 떨어진 곳에서 그 별의 방향을 측정할 수 있으므로 시차의 각도를 계산할 수 있습니다. 지구에서 별까지의 거리를 구할 때는 실제로 152쪽 그림처럼 태양과 지구 사이의 거리와 연주 시차의 각도를 이용해 계산합니다.

참고로 1,000~1만 광년까지의 별의 거리를 빛이 1년 동안 움직이는 거리를 1광년이라고 합니다. 1광년은 약 9조 5,000억km입니다.

'이곳'에 가면
몸무게가 1/6이 된다고?

· 보편중력 ·

아폴로 11호의 달 표면에서의 EVA(선외활동) 모습이다.

출처: NASA

질량을 가진 모든 물체 사이에는 서로 끌어당기는 힘이 작용합니다. 이 힘을 보편중력(혹은 만유인력)이라고 합니다.

달의 중력은 지구 중력의 6분의 1밖에 되지 않습니다. 달의 질량이 지구보다 훨씬 작으므로 달이 물체에 작용하는 중력도 작아지는 것입니다.

물체가 받는 중력의 크기를 무게라고 부르는데, 달에서 몸무게를 재면 지구에서 잰 몸무게의 약 6분의 1로 줄어듭니다. 같은 원리로 지구에서 50cm 높이로 수직 점프할 수 있는 사람은 달에서는 3m나 뛰어오를 수 있습니다.

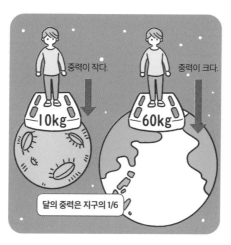

달은 중력의 크기가 작아서 지구에서
몸무게가 60kg인 사람이 달에 가면 몸무게가 6분의 1로 줄어든다.

국제우주정거장(ISS)은
왜 떨어지지 않을까?

· 수평으로 던진 물체의 운동 ·

ISS는 1998년부터 건설되었다.
ISS의 질량은 약 420톤이다.

국제우주정거장(ISS)은 우리 눈에 느리게 움직이는 것처럼 보입니다. 그러나 시속 약 2.8만km의 매우 빠른 속도로 지구 주위를 돌고 있기 때문에 떨어지지 않습니다.

수평 방향으로 던진 물체가 중력을 받아 낙하하는 운동을 '수평으로 던진 물체의 운동'이라고 합니다. ISS는 지구를 따라 수평으로 던진 물체의 운동을 하며 끊임없이 아래로 떨어지고 있습니다. 하지만 지구는 둥글기 때문에 ISS가 떨어지는 거리만큼 지구 표면도 구부러져 ISS와 지면 사이의 거리가 거의 변하지 않으므로 떨어지지 않는 것입니다.

ISS가 지구 주위를 돌면서 만들어 내는 원심력과 지구가 ISS를 끌어당기는 중력이 평형을 이루는 것으로 설명할 수도 있습니다. ISS에 작용하는 원심력은 중력과 반대 방향으로 작용하는 힘이므로, 이 두 힘이 평형을 이루는 속도로 날면 지구로 떨어지지 않습니다.

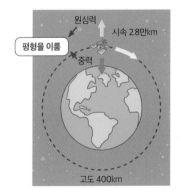

인공위성의 고도·속도·주기

고도	속도(주기)
200km	7.8km/s (1시간 28분)
400km (ISS)	7.7km/s (1시간 33분)
500km	7.6km/s (1시간 34분)
1,000km	7.4km/s (1시간 45분)
36,000km (정지위성)	3.1km/s (23시간 56분)

화석이 태고의 지구를 아는
실마리가 되는 이유

· 압력과 화석화 작용 ·

왼쪽 사진은 암석 등에 파묻힌 물고기 화석이다.
오른쪽 사진은 두족류에 속하는 암모나이트 화석이다.

화석은 생물의 사체가 강 등의 흐르는 물에 운반되다 퇴적물과 함께 바다 또는 호수 밑바닥에 묻히면서 만들어지기 시작합니다. 퇴적물 속의 사체는 살이 썩고 뼈만 남습니다. 시간이 흐르면서 그 위로 새로운 퇴적물이 계속해서 쌓입니다. 점차 뼈가 받는 압력이 커지면서 뼈의 성분(인산칼슘)이 주변 퇴적물의 성분, 즉 진흙이나 모래 등 암석을 만드는 광물의 성분으로 바뀝니다.

이렇게 적어도 1만 년 이상 시간이 흐르면 생물의 뼈는 주변의 돌과 거의 같은 성분을 지닌 화석이 됩니다(화석화 작용). 다만 퇴적물에 묻힌 뒤 물의 작용이나 높은 열과 압력 등으로 녹거나 으스러지면 화석이 되지 않습니다. 화석 중에는 동물의 피부 무늬나 깃털의 흔적, 발자국, 식물의 잎맥 등이 도장이 찍히듯 진흙에 각인된 뒤 오랜 시간에 걸쳐 진흙이 단단한 암석으로 변하면서 만들어진 생흔화석(흔적화석 혹은 인상화석)도 있습니다.

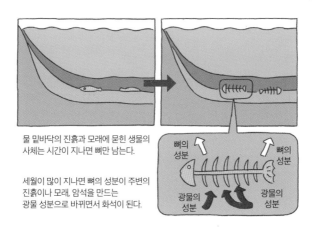

물 밑바닥의 진흙과 모래에 묻힌 생물의
사체는 시간이 지나면 뼈만 남는다.

세월이 많이 지나면 뼈의 성분이 주변의
진흙이나 모래, 암석을 만드는
광물 성분으로 바뀌면서 화석이 된다.

뼈의
성분

뼈의
성분

광물의
성분

광물의
성분

지구에
균열이 생겼다고?

· 맨틀 대류 ·

가우(Gja)는 아이슬란드어로 '지구의 균열'을 뜻한다.
균열은 길이 9km에 이르는 것도 있다.

지구의 대륙이나 해양은 14~15개의 큰 판(플레이트) 위에 얹혀 있습니다. 그 아래에 있는 맨틀이 대류하면서 각각 1년에 수cm 정도씩 움직입니다. 대륙의 위치와 형태는 오랜 세월 서로 모이거나 분리되면서 바뀌어 왔습니다. 판이 이동하면서 지구의 표면이 갈라지거나 솟아오르는 융기가 일어나기도 합니다.

아이슬란드에 있는 균열 지대는 판의 이동을 보여 주는 예입니다. 아이슬란드는 유라시아판과 북아메리카판에 걸쳐 있으며, 두 판이 서로 반대 방향으로 조금씩 이동하기 때문에 틈도 점점 벌어지고 있습니다. 또 이 틈 사이에서 새로운 판이 생겨나고 있습니다. 틈을 따라 맨틀이 상승하여 지상으로 용암이 흘러나오면서 끊임없이 새로운 지각이 만들어지는 것입니다. 결과적으로 1년에 좌우로 1~1.5cm씩 틈이 벌어지면서 아이슬란드의 국토도 넓어지고 있는 셈입니다.

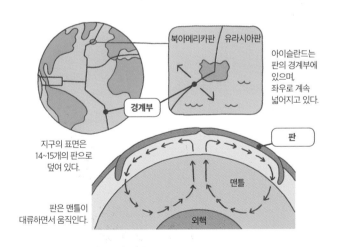

북아메리카판　유라시아판

아이슬란드는 판의 경계부에 있으며, 좌우로 계속 넓어지고 있다.

경계부

지구의 표면은 14~15개의 판으로 덮여 있다.

판

맨틀

판은 맨틀이 대류하면서 움직인다.

외핵

뜨겁고 새빨간
마그마의 정체

· 맨틀과 압력 ·

화산재가 성층권(상공 10km 이상)까지 도달하는 큰 분화가 일어나기도 한다.

뜨거운 마그마가 뿜어져 나오는 화산 현상은 우리가 직접적으로 느낄 수 있는 지구의 활동 가운데 하나입니다.

지구의 내부는 크게 겉에서부터 지각(지구 표면), 맨틀, 핵의 총 3개 층으로 구성됩니다. 맨틀은 암석으로 이루어진 고체지만, 오랜 시간에 걸쳐 조금씩 움직입니다(161쪽 맨틀 대류 참고). 지하 200km 정도에 있는 상부 맨틀은 온도가 약 1,500℃에 달합니다. 여기서 특히 주변보다 온도가 더 높은 부분은 위로 이동합니다. 위로 올라갈수록 주변의 압력이 점차 낮아지므로 지하 100km 부근에서 맨틀은 끈적끈적한 액체가 됩니다. 이것이 마그마입니다.

마그마가 더 위로 올라가면 지하 1~10km 부근에서 많은 양의

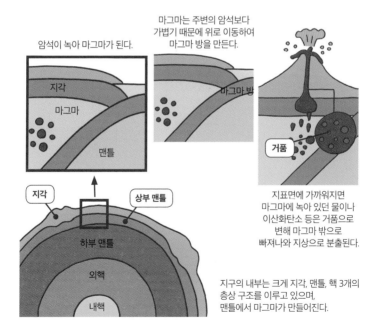

암석이 녹아 마그마가 된다.

마그마는 주변의 암석보다 가볍기 때문에 위로 이동하여 마그마 방을 만든다.

지각

마그마

맨틀

마그마 방

거품

지각

상부 맨틀

하부 맨틀

외핵

내핵

지표면에 가까워지면 마그마에 녹아 있던 물이나 이산화탄소 등은 거품으로 변해 마그마 밖으로 빠져나와 지상으로 분출된다.

지구의 내부는 크게 지각, 맨틀, 핵 3개의 층상 구조를 이루고 있으며, 맨틀에서 마그마가 만들어진다.

마그마가 괴어 있는 '마그마 방'이 만들어집니다. 지표면에 가까워지면 주변의 압력이 더욱더 낮아지기 때문에 마그마에 녹아 있던 물이나 이산화탄소는 거품으로 변합니다. 압력이 낮아지면 녹는점이나 끓는점이 비교적 낮은 물질은 액체나 기체로 변해 밖으로 빠져나옵니다. 거품을 포함한 마그마는 주변의 암석보다 가볍기 때문에 지표면의 갈라진 틈을 통해 지상으로 뿜어져 나옵니다. 이 현상을 '분화'라고 합니다.

지구는 언제부터
끊임없이 돌고 있었을까?

· 관성 ·

태고의 지구는 하루가 5시간이었다.
지구의 자전 주기는 정확하게 24시간이 아니다.

지구는 약 24시간에 한 바퀴씩 돌고(자전), 약 365일에 걸쳐 태양의 주위를 돌고(공전) 있습니다. 이 자전과 공전은 46억 년 전 태양계가 탄생했을 때부터 시작되었습니다. 그러면 태양계는 어떻게 만들어졌을까요?

우선 우주 공간에 흩어져 있던 가스나 티끌이 모여 구름 형태의 성간운을 이룹니다. 그중 밀도 높은 부분에서 중력이 강하게 작용하여 가스나 티끌이 소용돌이치며 중심으로 낙하합니다. 이 때문에 중심부 주변으로 빠르게 회전하는 납작한 가스 원반이 형성되고, 중심부에서는 핵융합이 시작되면서 열과 빛을 내는 원시 태양이 탄생합니다.

태양 주위를 회전하던 가스나 티끌은 중력에 의해 서로 부딪치

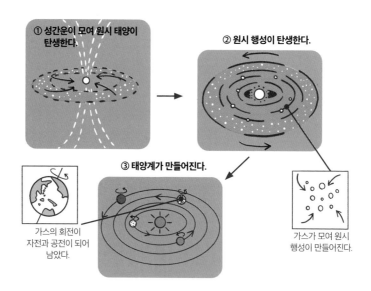

① 성간운이 모여 원시 태양이 탄생한다.

② 원시 행성이 탄생한다.

③ 태양계가 만들어진다.

가스의 회전이 자전과 공전이 되어 남았다.

가스가 모여 원시 행성이 만들어진다.

며 충돌과 합체를 되풀이합니다. 이렇게 해서 행성을 포함한 태양계가 만들어진 것입니다. 이때 가스가 소용돌이치며 회전하던 관성이 그대로 남아 지구는 지금도 회전하고 있는 것입니다. 지구는 시속 10만 7,280km의 매우 빠른 속도로 공전하고 있지요.

태고의 지구는 자전 주기가 약 5시간이었습니다. 달이 미치는 인력의 영향으로 서서히 속도가 느려져 지금과 같은 주기가 되었습니다. 지구의 자전은 조석 마찰(밀물과 썰물로 바닷물이 움직일 때 바닷물과 해저가 마찰하는 것)로 인해 조금씩 느려진 것으로 추측하고 있습니다.

밀물과 썰물이 생기는 이유가
달 때문이라고?

· 인력과 원심력 ·

사진은 전남 진도군 소삼도의 신비의 바닷길이다.
하루 두 번 바닷길이 열린다.

해수면이 높아지는 밀물(만조)과 해수면이 낮아지는 썰물(간조)이 생기는 이유는 달의 인력, 그리고 지구가 '달과 지구의 공통 질량 중심'을 회전할 때 생기는 원심력 때문입니다.

달과 지구는 서로 인력으로 끌어당기고 있습니다. 달과 가까운 쪽에서는 달이 바닷물을 끌어당겨 밀물이 됩니다. 지구가 달과 지구의 공통 질량 중심을 회전하면서 나타나는 원심력 때문에 달 반대쪽의 먼바다에서도 바닷물이 부풀어 올라 밀물이 됩니다. 이때 중간에 있는 바다는 바닷물이 쪼그라들어 해수면이 낮아지는 썰물이 됩니다.

밀물 때는 바다였다가 썰물 때 물이 빠지면 길이 드러나는 곳도 있습니다. 밀물과 썰물로 해수면의 높낮이가 변하는 현상을 조석 현상이라고 하고, 이를 일으키는 힘을 조석력이라고 합니다. 이론상으로는 달이 남중했을 때 밀물이 되어야 하지만, 여러

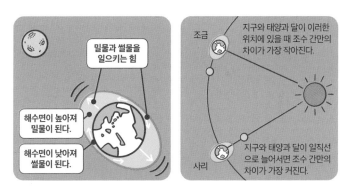

조석력의 원인은 달의 인력과, 지구가 달과 지구 공통 질량 중심을 회전할 때 생기는 원심력이다.

이유로 달의 남중 시각과 바닷물의 밀물 시각은 몇 시간 정도 차이가 납니다.

태양도 지구의 조석 현상에 영향을 미치는데, 지구를 당깁니다. 태양과 달과 지구가 일직선으로 늘어서면 태양과 달의 인력이 합쳐지기 때문에 밀물과 썰물의 해수면 높이의 차이, 즉 조수 간만의 차이가 가장 커집니다. 이 현상은 그믐달이나 보름달이 떴을 때 일어나며 사리(대조)라고 합니다. 상현달이나 하현달이 뜰 때는 달과 태양의 인력이 나뉘면서 조수 간만의 차이가 가장 작아집니다. 이 현상을 조금(소조)이라고 합니다.

달은 초승달일 때도
동그란 모양이라고?

· 달의 공전 ·

달은 약 29.5일을 주기로 차고 기운다.
지구에서 달까지의 거리는 약 38만km이다.

달은 매일 모습을 바꿉니다. 보름달(망, 만월)이 뜬 다음 날부터 달의 오른쪽 부분이 조금씩 기울면서 하현달이 됩니다. 그 후에도 점차 기울다가 달의 모습이 거의 보이지 않게 됩니다. 이것을 그믐달(삭)이라고 합니다. 그 후 오른쪽 부분이 부풀기 시작해 초승달, 상현달로 점차 차오릅니다. 그리고 다시 보름달이 됩니다. 이러한 달의 차고 기움은 약 29.5일마다 반복하고, 이 기간을 삭망월이라고 합니다. 달이 지구 주위를 약 29.5일에 한 바퀴씩 돌기 때문입니다.

달은 스스로 빛을 내지 못합니다. 태양 빛을 받는 부분만 반사하여 밝게 빛나고, 태양 빛을 받지 못하는 부분은 어두워서 지구에서 보이지 않습니다. 태양과 거의 같은 방향에 있을 때는 달의 뒷면만 태양 빛을 받기 때문에 지구에서는 거의 볼 수 없습니다.

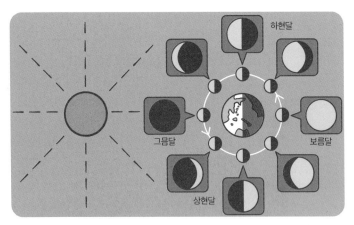

**왼쪽에서 태양 빛이 비치면 우리 눈에는 달의 왼쪽 부분만 보인다.
따라서 태양과 달의 위치 관계에 따라 달의 모양이 다르게 보인다.**

이때의 달은 그믐달과 초승달 사이입니다. 반면, 태양과 달이 반대 방향에 있을 때 지구에서는 태양 빛을 받아 밝게 빛나는 부분을 볼 수 있습니다. 이때의 달이 보름달입니다.

달이 지구 주위를 도는 궤도에서 어느 위치에 있느냐에 따라 밝게 빛나는 부분과 어두운 부분의 비율이 달라집니다. 그래서 달이 차고 기울며 우리 눈에 보이는 모습이 달라지는 것입니다. 달의 차고 기움은 태양과 달의 위치로 정해집니다.

6

CHAPTER

환상적인 수수께끼로 가득한 미지의 세상

- 우주 -

충분히 발달한 과학은
마법과 구별할 수 없다.

_ 아서 C. 클라크 Arthur C. Clarke

밤하늘에서 떨어지는
유성의 정체

· 마찰열과 단열 압축 ·

하루 동안 지구에 떨어지는 유성의 양은 40~50톤이나 된다.
유성은 약 100km 상공에서 빛을 낸다.

유성의 정체는 대부분 우주 공간을 떠도는 티끌이나 먼지입니다. 이 티끌이나 먼지가 지구의 중력에 이끌려 빠른 속도로 떨어지는 것입니다. 티끌이나 먼지가 지구 주위를 둘러싸고 있는 공기층, 즉 대기권 안으로 들어오면 공기 저항에 의해 마찰열이 발생합니다. 또한 티끌이나 먼지가 대기권 안으로 들어오면 바로 앞쪽의 공기를 압축시킵니다.

외부로 열이 빠져나가지 않는 상태에서 기체를 급격하게 압축하면 공기 중의 분자가 서로 부딪쳐 열이 발생합니다(이 현상을 단열 압축이라고 합니다). 이 단열 압축으로 공기가 뜨거워지면 티끌이나 먼지 역시 뜨겁게 달아올라 녹거나 타면서 빛을 냅니다. 그래서 유성은 한순간 밝게 빛났다가 사라지는 것입니다. 그중에 크기가 큰 티끌이나 먼지는 다 타지 않고 지상으로 떨어집니다. 이

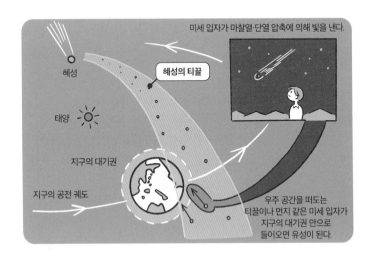

미세 입자가 마찰열·단열 압축에 의해 빛을 낸다.

혜성

태양

혜성의 티끌

지구의 대기권

지구의 공전 궤도

우주 공간을 떠도는 티끌이나 먼지 같은 미세 입자가 지구의 대기권 안으로 들어오면 유성이 된다.

것이 운석입니다.

혜성의 궤도상에서는 유성을 자주 볼 수 있습니다. 혜성은 티끌을 흩뿌리며 태양 주위를 공전하기 때문에 혜성이 지나간 자리에 남은 티끌이 긴 띠를 형성합니다. 이 혜성이 만들고 간 띠는 종종 지구의 공전 궤도와 교차하기도 해서 지구가 그 교차 지점을 통과할 때는 티끌이 지구로 한꺼번에 쏟아집니다. 이것이 유성군입니다.

우주에 뚫린 검은 구멍, 블랙홀

· 초신성 폭발 ·

사진은 거대 타원은하 'M87' 중심부에 있는 블랙홀이다.
블랙홀 그림자의 지름은 1,000억km에 이른다.

출처: Event Horizon Telescope collaboration

블랙홀이란 중력이 매우 강한 천체를 말합니다. 태양보다 30배 이상 질량이 큰 항성이 수명을 다하면 초신성 폭발을 일으킨 뒤 계속 수축하다가 블랙홀이 됩니다. 블랙홀은 중력이 매우 강해서 주위에 있는 모든 물질을 끌어당겨 삼킵니다. 빛을 포함한 모든 전자기파마저 빨아들이고 밖으로 내보내지 않기 때문에 우리 눈에는 블랙홀의 형체가 보이지 않습니다.

그런데 2019년 4월 인류 역사상 처음으로 블랙홀을 관측하는 데 성공했습니다. EHT(사건의 지평선 망원경, Event Horizon Telescope) 국제 공동 연구팀이 지구 자전을 이용해 8개 전파망원경의 영상을 합성하여 처녀자리 은하단의 타원은하 M87의 중심에 있는 블랙홀의 모습을 촬영했습니다. 블랙홀 주위는 주변 항성의 대기 속에서 뽑혀 나온 가스가 납작한 원반을 형성하고 있는데, 블랙홀 주변에서 나오는 파장 1.3mm의 전파를 포착한 것입니다.

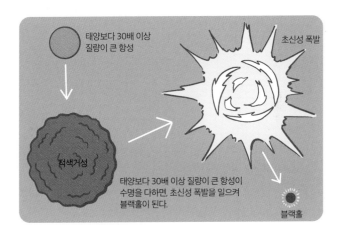

드넓은 우주에서
지구는 어디쯤에 있을까?

· 우리은하 ·

우리은하 중심부에 초거대 블랙홀이 있다.

출처: NASA/JPL-Caltech/R.Hurt(SSC/Caltech)

지구는 우리은하라는 은하에 속해 있는 별입니다. 우리은하는 막대 모양의 중심부와 거기서 소용돌이치듯 나선 팔이 몇 개 뻗어 나온 납작한 원반 형태를 띠고 있습니다.

지구를 포함한 태양계는 '오리온 팔'의 안쪽에 위치하고 우리 은하의 중심에서 약 2만 6,100광년 떨어져 있습니다. 태양계는 우리은하의 중심을 기준으로 공전하며 약 2억 년에 한 바퀴를 돕니다.

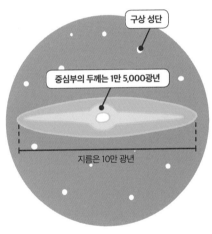

구상 성단

중심부의 두께는 1만 5,000광년

지름은 10만 광년

우리은하의 크기나 형태는 정확히 알 수 없지만, 관측을 통해 추정하고 있다.

우주의 나이는
몇 살일까?

· 빅뱅 ·

사진은 현재까지 관측된 가장 나이 많은 별, 'HD 140283'이다.

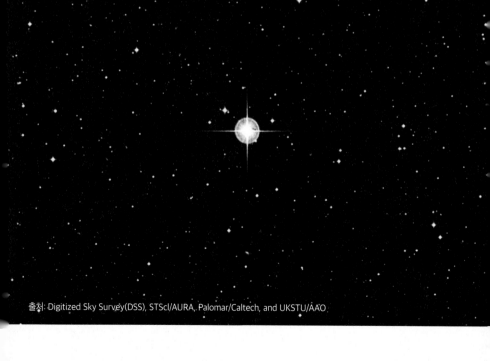

출처: Digitized Sky Survey(DSS), STScI/AURA, Palomar/Caltech, and UKSTU/AAO

오늘날 우주는 아무것도 없는 상태에서 저절로 생겨난 것으로 받아들여지고 있습니다. 우주는 빅뱅(대폭발)의 순간에 탄생했어요. 이후 생겨난 물질이 모여 별들이 형성되었습니다. 초기의 우주는 인플레이션이라는 급팽창으로 급격히 크기가 커졌습니다.

우주의 나이는 다양한 관측을 통해 얻은 우주의 팽창률, 원소 등의 양을 바탕으로 계산할 수 있습니다. 현재 우주의 나이는 137.99(±0.21)억 살로 추정됩니다. 사진은 별 'HD 140283'으로, 우주가 탄생한 후 얼마 지나지 않아 만들어진 별입니다. 이 별의 나이는 우주의 나이와 비슷한 것으로 추정되고 있습니다.

스트로베리 문의
비밀

· 빛의 반사 ·

6월의 붉은 보름달, 스트로베리 문.

딸기처럼 붉은빛 혹은 분홍빛 달이 뜨는 이유는 아침 해나 석양이 붉게 보이는 것과 같은 원리입니다(20쪽 참고). 지평선 가까이에 달이 있을 때, 달빛 중 빨간색 빛이 대기에 흡수되지 않고 우리의 눈에 도달하기 때문에 붉게 보이는 것입니다.

스트로베리 문은 과거 아메리카 원주민들이 딸기를 수확하는 시기에 뜨는 '6월의 보름달'을 지칭하는 데서 유래한 것으로, 딸기를 닮았다고 해서 붙은 이름은 아닙니다.

가장 거대한 달,
슈퍼문

· 근지점 ·

슈퍼문은 달과 지구의 거리가 가장 가까운 때 뜨는 보름달이다.
'근지점 보름달(Perigee full moon)'이라고도 부른다.

슈퍼문은 크게 보이는 보름달이라는 의미로 사용되는 말입니다. 달이 가장 크게 보이는 것은 달이 지구와 가장 가까워졌을 때이며, 보름달이 가장 작게 보일 때보다 지름이 약 14% 크고, 약 30% 밝게 보입니다.

달은 타원 궤도를 따라 지구를 돌고 있습니다. 달과 지구 사이의 거리가 가장 가까워지는 근지점(近地點, 약 36만km)에서 뜨는 달이 슈퍼문입니다. 반대로 지구에서 가장 멀리 떨어진 원지점(遠地點, 약 41만km)에서 떠 작게 보이는 보름달은 마이크로문이라고 부릅니다.

우주선은
얼마나 빠를까?

· 속도 ·

파커 솔라 프로브는 태양의 대기층(코로나)을 뚫고 들어갔다.

출처: NASA

'빛보다 빠른 물질은 없다'는 아인슈타인의 상대성 이론에 따르면 우주선은 광속을 뛰어넘는 속도로는 날 수 없습니다.

현재 무인 우주선의 최고 속도는 태양 탐사선 파커 솔라 프로브가 기록한 시속 약 58만km인데, 이 속도는 갈수록 빨라져 시속 약 69만km에 이를 것으로 예상됩니다. 유인 우주선 중 가장 빠른 것은 아폴로 10호로 시속 약 4만km로 날 수 있습니다.

앞으로 우주 개발이 더 진전되면 이 기록들도 경신될 것입니다.

태양과 달의
환상적 만남

· 일식 ·

금환일식 때는 태양이 반지처럼 보인다.

일식이란 간단히 말해 달이 태양을 가려 태양의 일부 또는 전부가 사라지는 현상입니다. 특히 태양이 완전히 보이지 않게 되는 일식을 개기일식이라고 합니다.

일식은 태양과 지구 사이에 달이 있을 때 일어납니다. 지구와 달과 태양이 일직선에 놓이면 지구에서 볼 때 달이 태양을 가리고 지구에는 달의 그림자가 드리워집니다. 달의 공전 궤도는 완전한 원이 아니라 약간 타원형을 이루고 있어, 지구와 달의 거리는 약 36~41만km 사이에서 반복적으로 변합니다.

달과 태양은 지구에서 바라볼 때 겉보기 크기(우리 눈에 보이는 크기)가 거의 같지만, 달이 지구에 가까이 왔을 때는 달의 겉보기 크기가 조금 더 커 보입니다. 이때 일식이 일어나면 달이 태양을 완

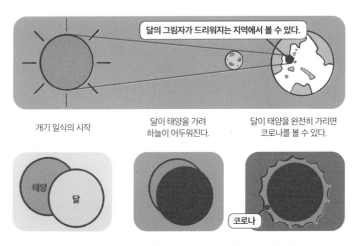

일식은 달이 태양을 가려 태양이 보이지 않게 되는 현상이다.
지구에서 볼 때 태양보다 달의 겉보기 크기가 더 클 때 개기일식이 일어난다.

전히 가리는 개기일식이 됩니다. 평소에는 태양 빛 때문에 보이지 않지만, 개기일식 때면 관측할 수 있는 태양의 대기층을 코로나라고 합니다. 반대로 달이 지구에서 멀어졌을 때 일식이 일어나면 달이 태양을 완전히 가리지 못해 태양의 가장자리가 반지와 같은 고리 모양으로 빛납니다. 이것을 금환일식이라고 합니다.

이러한 일식은 달의 그림자가 지구에 드리워지는 한정된 지역에서만 볼 수 있습니다. 그야말로 태양과 달이 만나 펼치는 멋진 우주 쇼라고 할 수 있을 것입니다.

크레이터는
어떻게 생겨난 걸까?

· 충돌 에너지와 운동 에너지 ·

미국 애리조나주에 있는 지름 1.5km의 배린저 크레이터이다.
바닥까지의 깊이는 약 200m이다.

미국 애리조나주에 있는 배린저 크레이터는 약 5만 년 전 운석이 충돌하면서 생성되었습니다. 지름은 약 1.2km, 깊이는 약 200m나 됩니다. 이 크레이터를 만든 운석은 지름이 25~50m, 질량이 수만~수십만 톤, 충돌 속도는 초속 10~20km로 추정됩니다.

운석은 충돌할 때 거대한 에너지를 방출합니다. 운동하는 물체가 가지는 에너지는 운동 에너지라고 하고, 운석의 충돌 에너지는 운동 에너지와 같습니다. 단순 계산하면, 질량 10만 톤의 철 운석이 초속 10km 속도로 날아온다고 할 때 운동 에너지는 5,000조J이 됩니다(공기 저항은 무시했습니다).

이 충돌 에너지를 TNT 화약의 폭발 에너지로 환산하면 TNT 119만 톤이 됩니다. 원자 폭탄이 TNT 1만 6천 톤이므로, 비교해

운석의 충돌 에너지는
운동 에너지와 같다

10만 톤의 철 운석의 운동 에너지

$$1/2 \times \text{10만 톤} \times (10\text{km/s})^2 = 5{,}000\text{조J}$$

운석의 질량   운석의 속도

보면 상상을 초월할 정도로 크다는 것을 알 수 있습니다. 충돌 지점에서 반경 수km 이내의 생물은 충돌과 동시에 죽어 없어졌을 것으로 추정됩니다.

지구에는 이보다 큰 운석의 충돌도 종종 있었습니다. 6,600만 년 전 멕시코의 유카탄반도에 충돌한 운석은 지름 약 160km의 크레이터를 만들었고, 생물이 대량 멸종한 원인으로 알려져 있습니다.

로켓을 우주로 날려 보내는 물리의 비법

· 작용과 반작용 ·

미국 회사 스페이스X의 팰컨9 발사 비용은 약 6,200만 달러이다.
전 세계 우주 로켓 발사 건수는 연간 100기가 넘는다.

로켓은 어떻게 아득히 먼 우주까지 날아갈 수 있을까요? 로켓이 날아가는 원리는 작용·반작용의 법칙과 뉴턴의 운동 법칙으로 얻어지는 운동량 보존 법칙으로 설명할 수 있습니다. 한 물체가 다른 물체에 힘을 가하면, 크기는 같고 방향은 반대인 힘을 동시에 받습니다. 이것이 작용·반작용의 법칙입니다.

로켓은 아래쪽으로 힘을 가해 가스를 내뿜고(작용), 그 힘의 반작용으로 가스는 로켓을 반대 방향인 위를 향해 밀어내는 추진력

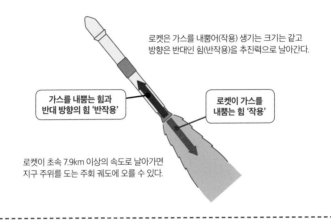

로켓은 가스를 내뿜어(작용) 생기는 크기는 같고
방향은 반대인 힘(반작용)을 추진력으로 날아간다.

가스를 내뿜는 힘과
반대 방향의 힘 '반작용'

로켓이 가스를
내뿜는 힘 '작용'

로켓이 초속 7.9km 이상의 속도로 날아가면
지구 주위를 도는 주회 궤도에 오를 수 있다.

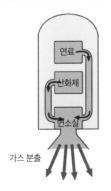

가스 분출

액체 로켓의 원리

액체 연료 로켓은
연료와 산화제를 혼합하여
연소실에서 태우고
가스를 분출하는 구조이다.

을 만들어 냅니다. 로켓은 공기가 없는 우주에서도 가스를 내뿜을 수 있도록, 연료 외에 산소를 별도로 싣거나 연료에 산화제(산소)를 섞습니다. 이 연료가 타면서 가스가 분출되는(작용) 방향의 반대 방향으로 추진력(반작용)을 받아 우주로 날아가는 것입니다.

운동량은 질량과 속도의 곱으로 나타낼 수 있으며, 로켓과 가스 전체의 운동량은 로켓이 가스를 분사하기 이전과 이후에 같은 값으로 보존됩니다(운동량 보존 법칙). 따라서 더 큰 질량의 가스를 더 빠르게 분사하면 분사 후의 로켓의 속도가 더 빨라집니다.

로켓이 초속 7.9km 이상의 속도로 날아가면 지구 주위를 도는 주회 궤도에 오를 수 있고, 초속 11.2km 이상의 속도라면 지구 중력을 벗어나 우주로 여행을 떠날 수 있습니다.

우주의 탄생에 관한
비밀을 가진 입자가 있다고?

· 중성미자 ·

장치 내부는 물이 가득 차 있다.

출처: 도쿄대학 우주선연구소 가미오카 우주소립자 연구시설

기본 입자란 물질을 구성하는 가장 작은 단위의 입자를 말합니다. 지금까지 발견된 소립자는 세 종류의 중성미자(뉴트리노)를 포함해 모두 17개입니다. 중성미자는 우주에서 지구로 쏟아져 들어오는데, 다른 물질과 거의 반응하지 않으므로 우리의 몸은 물론 지구도 곧장 뚫고 우주로 날아가 버립니다.

이러한 성질 때문에 중성미자를 검출하기란 무척 어려운데, 아주 드물게 물을 구성하는 산소나 수소의 원자핵이나 전자와 부딪혀 희미하게 빛을 내는 경우가 있습니다. 그 빛을 포착하는 것이

물질을 계속해서 쪼개 나가다 보면 더 이상 쪼갤 수 없는 최소 단위인 기본 입자에 이른다.
우리 주변의 물질은 대부분 두 종류의 쿼크(위 쿼크, 아래 쿼크)와 전자로 이루어져 있다.

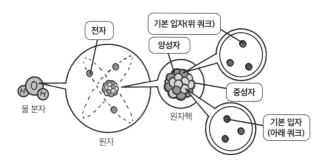

물을 저장한 탱크 안쪽 벽에 설치된 광전자 증폭관은
중성미자가 산소나 수소의 원자핵 또는 전자와 부딪혔을 때 발생하는
체렌코프광이라는 약한 빛을 포착한다.

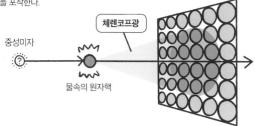

아는 만큼 보이는 세상 | 물리 편

광전자 증폭관입니다.

일본 기후현 히다시 가미오카 광산 지하 1,000m에는 중성미자를 검출하기 위한 관측 장치가 있습니다(201쪽 사진 참고). 이 '슈퍼 가미오칸데'라는 관측 장치는 5만 톤의 물을 저장한 원통형 탱크와 탱크 안쪽 벽에 설치된 약 1만 3,000개의 광전자 증폭관 등으로 구성됩니다. 벽에 빼곡히 늘어선 커다란 전구처럼 생긴 것이 광전자 증폭관입니다.

중성미자를 검출해 성질을 규명하면 우주의 탄생과 물질의 기원에 관한 비밀을 밝힐 수 있을 것으로 기대됩니다.

7

CHAPTER

과학이
우리에게
준
선물들

- 생활 -

과학은 그저 잘 다듬어 정리한 상식에 불과한 것으로,
과학과 상식의 차이는 베테랑과 초심자의 차이일 뿐이다.

_ **토마스 헉슬리** Thomas H. Huxley

불꽃의 소리는
왜 한박자 늦게 들릴까?

· 소리의 속도 ·

지름이 1.2m, 무게가 420kg인 불꽃이 터질 때 지름은 800m나 된다.
이런 불꽃이 터지는 고도는 약 800m이다.

공기 중에서 소리는 1초에 약 340m 진행하고(기온 15℃일 때), 빛은 1초에 약 30만km 진행합니다. 그렇다면 3km 떨어진 곳에서 쏘아 올린 불꽃놀이의 빛과 소리가 우리에게 도달하기까지 시간이 얼마나 걸릴까요?

빛이 도달하는 데 걸리는 시간은 3÷300000=0.00001(초)입니다. 그런데 소리가 도달하기까지 걸리는 시간은 3÷0.34=8.82…(초)입니다. 즉, 3km 떨어진 곳에서 열린 불꽃놀이의 빛은 우리에게 거의 순식간에 도달하지만, 소리는 약 9초가 지나서 도달합니다. 따라서 멀리 떨어진 곳에서 불꽃놀이를 볼 때는 불꽃이 먼저 보이고 소리는 조금 늦게 들리는 것입니다.

일상생활에서는 소리가 순식간에 우리 귀에 전달되므로 매우 빠르다고 느낍니다. 하지만 소리의 속도와 같거나 훨씬 더 빠른

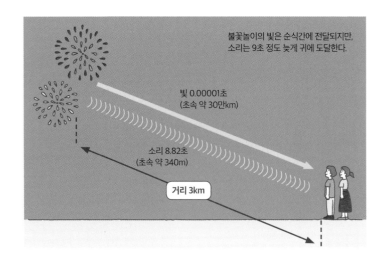

불꽃놀이의 빛은 순식간에 전달되지만, 소리는 9초 정도 늦게 귀에 도달한다.

빛 0.00001초
(초속 약 30만km)

소리 8.82초
(초속 약 340m)

거리 3km

아는 만큼 보이는 세상 | 물리 편

것도 많습니다. 예를 들어 제트 여객기의 속도는 시속 약 900km이므로, 소리의 속도보다 약간 느린 정도입니다. 제트 전투기는 음속을 가볍게 뛰어넘습니다. F-15 전투기의 최고 속도는 음속의 2.5배(마하 2.5)입니다. 권총 총알의 초기 속도는 음속과 비슷하지만, 소총 총알의 속도는 음속보다 빠릅니다.

기둥이 없어도 무너지지 않는
아치형 다리의 비밀

· 작용과 반작용 ·

사진은 경북 경주시 불국사의 석교이다.

아치형 돌다리는 지지대가 없어 보기에는 불안해도 쉽게 무너지지 않습니다. 다리를 구성하는 돌을 하나하나 살펴보면 단면이 사다리꼴 모양입니다. 이것이 핵심입니다.

돌은 중력(무게) 때문에 아래로 떨어지려고 하지만, 양옆에 있는 돌도 사다리꼴이므로 떨어지는 힘이 분산됩니다. 즉, 중력이 양옆의 돌을 미는 힘으로 분해되는 것입니다.

하나의 돌은 양옆의 돌과 서로 밀고(작용) 밀리면서(반작용) 자신의 무게를 지탱합니다. 각각의 돌이 양옆의 돌과 서로 밀고 있으며, 최종적으로는 양 끝의 지면이 돌다리를 지탱합니다. 돌은 압축에 강하므로 쉽게 변형되지 않습니다.

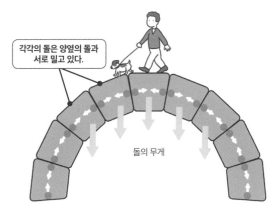

각각의 돌은 양옆의 돌과 서로 밀고 있다.

돌의 무게

각각의 돌은 사다리꼴 모양이고, 아치형 구조에 의해 무게가 분산된다.

여러 줄의 케이블로 지지하는
사장교의 원리

· 인장력 ·

사진은 인천시 인천대교로, 주탑 높이는 238.5m이다.

사장교는 현수교와 마찬가지로 케이블의 인장력을 이용해 다리 바닥판을 매다는 형태인데, 주 케이블 없이 주탑에서 비스듬히 뻗어 나온 여러 줄의 케이블을 다리 바닥판에 직접 연결해 지지합니다.

　사장교의 경우 다리 바닥판의 중력과 균형을 이루는 힘을 분력 A와 분력 B로 분산해 케이블로 다리 바닥판을 매달고 있습니다. 사장교 역시 현수교처럼 길이가 긴 다리를 놓을 수 있는 구조이며, 주탑이 2개 필요한 현수교와 달리 1개만 있어도 다리를 세울 수 있습니다.

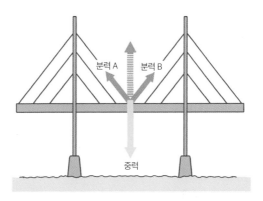

비스듬히 뻗어 나온 케이블로 힘을 분산해 다리 바닥판을 매달고 있다.

두 줄의 케이블로 지지하는
거대한 다리의 비밀

· 인장력과 힘의 합성 ·

사진은 부산시 광안대교이다.
주 케이블은 직경 60.7cm이다.

현수교는 양쪽에 세운 높은 주탑 사이에 주 케이블을 연결한 다음, 이 케이블에서 수직으로 늘어뜨린 보조 케이블에 다리 바닥판을 매달아 지지하는 형태의 다리입니다. 다리 바닥판을 매단 주 케이블에는 인장력(물체의 중심축과 평행하게 바깥 방향으로 작용하여 물체가 늘어나도록 하는 힘)이 작용합니다. 주 케이블은 다리 양 끝에 앵커리지라는 콘크리트 구조물로 고정해 지지합니다.

현수교를 만들 때는 주탑을 가능한 한 높게 세웁니다. 주탑이

현수교의 구조

주 케이블과 보조 케이블에 다리 바닥판을 매단다.
주 케이블에 작용하는 인장력은 앵커리지로 지지한다.

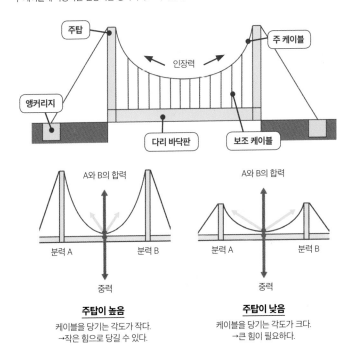

높으면 '힘의 합성'에 의해 인장력을 줄일 수 있으므로, 주 케이블이나 주탑이 받는 부하를 줄일 수 있습니다.

215쪽 하단 오른쪽 그림처럼 주탑이 낮으면 케이블을 당기는 각도가 크므로 인장력이 커집니다. 반면에 주탑이 높으면 케이블을 당기는 각도가 작으므로 작은 힘으로 당길 수 있습니다. 현수교는 모든 종류의 다리 중에서 가장 긴 다리를 놓을 수 있습니다.

현수교는 계곡이나 바다처럼 교각을 설치하기 어려운 지형에도 많이 세웁니다. 세계에서 가장 긴 현수교는 아카시 해협 대교로 전체 길이는 3,911m이고, 주탑의 높이는 약 300m나 됩니다.

롤러코스터에서는 왜 거꾸로 뒤집혀도 떨어지지 않을까?

· 원심력과 중력 ·

시속 180km로 달리는 것도 있다.
최대 중력 가속도가 3.75G(1.0G=9.8m/s²)에 이르는 것도 있다.

롤러코스터는 360도 회전하도록 구부러진 레일 위를 달리므로 타고 있는 사람이 거꾸로 뒤집힐 때도 있습니다. 그런데 사람이

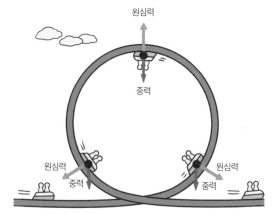

원심력

원심력

중력

원심력

중력

원심력

중력

롤러코스터가 회전할 때 중력보다 원심력이 크기 때문에
사람들은 좌석 방향으로 힘을 받아 뒤집혀도 떨어지지 않는다.

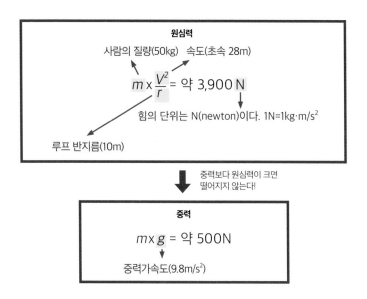

원심력

사람의 질량(50kg)   속도(초속 28m)

$$m \times \dfrac{V^2}{r} = \text{약 } 3{,}900 \, N$$

힘의 단위는 N(newton)이다. 1N=1kg·m/s²

루프 반지름(10m)

중력보다 원심력이 크면
떨어지지 않는다!

중력

$$m \times g = \text{약 } 500N$$

중력가속도(9.8m/s²)

떨어지지 않습니다. 안전벨트를 매고 있기 때문이라고요? 이론 상으로는 안전벨트가 없어도 떨어지지 않습니다. 그 이유는 회전 하는 롤러코스터에 탄 사람의 몸에 작용하는 원심력이 그 사람의 몸에 작용하는 중력(=몸무게)보다 크기 때문입니다.

물이 들어 있는 양동이를 손으로 잡고 빙빙 돌려 보면 원심력 을 직접 느낄 수 있습니다. 이때 양동이가 뒤집혀도 물이 쏟아지 지 않습니다. 이는 회전하는 물체에는 원의 중심에서 멀어지는 방향으로 힘을 받는 원심력이 작용하기 때문입니다. 즉, 양동이 에 원심력이 작용해 물을 양동이 바닥 방향으로 밀어내기 때문에 쏟아지지 않는 것입니다.

롤러코스터에 타고 있는 사람도 마찬가지입니다. 원형 레일을 따라 회전하는 롤러코스터가 가장 높은 위치에 있을 때, 타고 있 는 사람에게는 거꾸로 뒤집힌 좌석 바닥의 방향(중력의 반대 방향인 위 방향)으로 원심력이 작용합니다. 원심력의 크기는 회전 속도의 제곱에 비례하고, 회전 반지름에 반비례합니다. 원심력은 회전 속도가 빠를수록(느릴수록) 커지고(작아지고), 회전 반지름이 클수 록(작을수록) 작아집니다(커집니다).

일상생활에서도 길을 가다 보면 급커브 길이므로 속도를 줄이 라는 주의 표지판을 볼 때가 있는데, 이는 차가 커브가 심한 길을 돌 때 고속으로 달리면 원심력을 받아 도로 밖으로 튕겨 나갈 위 험이 있기 때문입니다.

스키 점프 선수가 안전하게
착지하는 물리적 비법

· 충격량과 반발계수 ·

착지면의 최대 기울기는 37° 정도이다.
기울기 최대 35°의 도약대에서 시속 90km 속도로 몸을 날린다.

스키 점프 선수는 그렇게 높은 곳에서 뛰어내리는데도 어떻게 다치지 않을까요? 착지면이 평평하지 않고 비스듬하게 경사졌기 때문입니다. 바로 위에서 아래로 떨어져 수평면에 착지하면 내가 가한 힘만큼 착지면에서 힘을 받으므로 큰 충격을 받습니다. 여기서 착지면에 가한 힘을 작용, 착지면에서 받은 힘을 반작용이라고 합니다. 작용과 반작용의 크기는 항상 같습니다.

$$\vec{F}\Delta t = \overrightarrow{mv}_{착지후} - \overrightarrow{mv}_{착지전}$$

m=물체의 질량
v=물체의 속도

충격량
=충격의 정도의 양

착지 후의
운동량

착지 전의
운동량

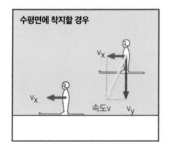

수평면에 착지할 경우

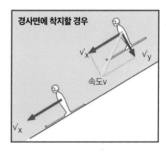

경사면에 착지할 경우

x축 방향의 충격량   y축 방향의 충격량

$$F\Delta t = |\vec{F_x}\Delta t + \vec{F_y}\Delta t|$$
$$= 0 + mv_y$$

x축 방향의 운동량은   y축 방향의 운동량
변하지 않는다

x'축 방향의 충격량   y'축 방향의 충격량

$$F'\Delta t = |\vec{F_x}'\Delta t + \vec{F_y}'\Delta t|$$
$$= 0 + mv_y'$$

x'축 방향의 운동량은   y'축 방향의 운동량
변하지 않는다

두 그림을 비교하면 $v_y > v_y'$이므로
$$F\Delta t > F'\Delta t$$

경사면에 착지할 경우 충격이 적음 → v_y의 크기에 따라 충격의 정도가 달라진다!

반면에 비스듬하게 날아와 경사면에 착지하는 경우에는 충격이 분산되어 반작용이 작아집니다. 이 반작용의 크기, 즉 충격의 정도를 나타내는 양이 충격량이며, 충격량은 물체의 운동량의 변화량과 같습니다.

스키 점프의 경우 착지 전후에 사람의 운동량은 크게 변화합니다. 운동량은 질량과 속도의 곱으로 나타낼 수 있으므로, 착지 전의 운동량과 착지 후의 운동량을 구하면 충격의 정도를 알 수 있습니다.

물체의 충돌에서는 두 물체가 충돌할 때 튕겨 나가는 정도를 나타내는 수치를 반발계수라고 합니다. 충돌 후 그대로 튕겨 나오는 경우의 반발계수는 1이고, 스키 점프의 착지처럼 착지면에 붙어 튕겨 나오지 않는 경우의 반발계수는 0입니다.

221쪽 그림과 같이 착지면이 수평면인 경우보다 경사면인 경우 충격량이 작고 충격도 적어지므로 안전하게 착지할 수 있는 것입니다.

아는 만큼 보이는 세상 | 물리 편

그네를 잘 타는
물리 비법

· 공명 원리 ·

앉아서 그네를 탈 때도 무게 중심을 옮기면 큰 폭으로 흔들리게 할 수 있다.
공명 현상의 원리는 내진 설계에도 숨어 있다.

서서 그네를 탈 때 뒤에서 밀어주지 않아도 그네를 타는 사람이 다리를 굽혔다 펴면 진폭을 크게 키울 수 있습니다. 그네의 진폭을 더 크게 키우는 데 특히 효율적인 방법이 있습니다.

다음 그림과 같이 그네를 타고 앞뒤를 왔다 갔다 하다 가장 높은 위치(최고점 A)에 도달했을 때 다리를 굽혀 앉습니다. 그다음 가장 낮은 위치(최저점 B)에 왔을 때 다리를 펴 일어서고, 다시 가장 높은 위치에 도달하면 다리를 굽혀 앉습니다. 이를 반복하면 그네의 진폭은 점점 더 커집니다. 핵심은 다리를 굽혀 앉았다가 일어나기를 반복하며 무게 중심을 이동시키는 것입니다. 그네는 진자의 하나이므로, A에서의 위치 에너지는 결국 운동 에너지로 전환되어 계속 다리를 굽힌 상태라면 A 위치에서 C 위치까지 올라갑니다.

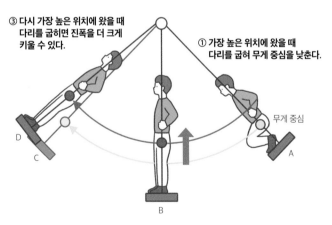

③ 다시 가장 높은 위치에 왔을 때 다리를 굽히면 진폭을 더 크게 키울 수 있다.

① 가장 높은 위치에 왔을 때 다리를 굽혀 무게 중심을 낮춘다.

무게 중심

D

C

A

B

② 가장 낮은 위치에 왔을 때 다리를 펴 무게 중심을 높인다.

아는 만큼 보이는 세상 | 물리 편

그런데 B에서 다리를 펴면 무게 중심이 높아지면서 위치 에너지가 커지고, 커진 위치 에너지만큼 운동 에너지가 증가해 그네의 속도가 빨라집니다. 속도가 증가하면 결과적으로 그네는 더 높은 D 위치까지 올라갑니다. 이때 우리 몸이 다리를 펴면서 한 역학적 일로 그네의 전체 에너지가 증가한 것입니다. 이런 과정을 그네가 흔들리는 주기(또는 진동수)에 맞춰 반복하면 그네의 전체 에너지가 증가해 점점 더 높이 올라갈 수 있습니다.

이처럼 물체가 지닌 고유 진동수와 같은 진동수를 가진 힘을 주기적으로 받았을 때 진폭이 커지면서 에너지가 증가하는 현상을 공명의 원리라고 합니다.

양초는
심지만 타는 게 아니라고?

· 모세관 현상 ·

양초의 재료인 왁스는 대개 석유로 만들지만, 동·식물성 유지로 만들기도 한다.
100시간 정도 꺼지지 않고 계속 타는 양초도 있다.

타고 있는 양초를 관찰해 보면 심지 아랫부분은 불꽃의 열에
녹아 액체로 변한 것을 볼 수 있습니다. 이 액체 상태의 양초는
성냥불을 갖다 대도 불이 붙지 않습니다. 그러면 타고 있는 것은
무엇일까요?

이를 확인하기 위해 알루미늄 포일을 둥글게 말아 만든 관의
끝부분을 불꽃의 안쪽 어두운 부분에 넣습니다. 관 밖으로 나온

성냥

액체 왁스

액체 왁스에는 불이 붙지 않는다.

왁스 증기

알루미늄 포일 관

왁스 증기에는 불이 붙는다.

모세관 현상이란?
액체 속에 가느다란 관을 넣었을 때
관 내부의 액체 표면이 높아지는
현상이다.

① 불꽃의 열로 고체 왁스가
　액체로 변한다.
② 액체 왁스가 심지를 타고
　올라간다(모세관 현상).
③ 왁스 증기가 탄다.

기체에 성냥불을 가까이 가져가 봅니다. 그러면 이 기체는 불이 붙어 탑니다. 즉, 양초는 심지에 불을 붙이면 양초의 재료인 왁스가 녹아 액체가 되고, 이 액체 왁스가 심지를 타고 올라가 불이 붙은 심지에 가까워지면 기체로 변합니다. 그 기체(왁스 증기)가 공기 중의 산소와 만나 타는 것입니다.

액체 왁스가 심지를 타고 올라가는 것은 모세관 현상 때문입니다. 모세관 현상은 액체 속에 가느다란 관을 넣었을 때 관 내부의 액체 표면이 관 외부의 액체 표면보다 높아지는 현상입니다. 양초의 경우, 섬유로 만든 심지의 미세한 틈을 타고 액체 왁스가 끝까지 올라가는 것입니다. 참고로 양초의 불꽃이 밝은 이유는 왁스에 포함된 탄소 입자가 타면서 밝은 빛을 내기 때문입니다.

아름다운 야경을 만드는 전구와 LED의 비밀

· 백열화, 반도체의 양공·전자 ·

LED는 반도체에 사용되는 화합물에 따라 다양한 색의 빛을 낼 수 있다.

밤을 화려하게 수놓는 빛은 언제 봐도 아름답습니다. 이 아름다운 빛을 얻기 위해 주로 사용되는 것은 백열전구와 LED(발광 다이오드)입니다. 이 둘은 어떤 차이가 있을까요?

백열전구는 유리구 안에 있는 필라멘트라는 가는 금속선에 전류를 흘려 뜨겁게 달구어 빛을 냅니다. 금속은 가열해 일정 온도 이상이 되면 밝은 빛을 내는 성질이 있습니다. 필라멘트 재료로 사용되는 텅스텐은 약 2,000℃에서 백열화해 흰색에 가까운 빛을 냅니다. 또한 고온에서 필라멘트가 끊어지는 것을 방지하기 위해 유리구 속에 불활성 가스를 넣습니다.

LED는 2종류의 반도체가 붙어 있는 접합면에서 양공과 전자가

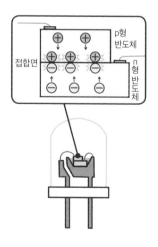

백열전구의 구조
필라멘트를 가열해 빛을 낸다.
필라멘트의 수명을 늘리기 위해
유리구 안에 불활성 가스를 넣는다.

필라멘트
열에 강한 금속인
텅스텐으로 만든다.

LED의 구조
p형 반도체와 n형 반도체의 접합면에서
양공과 전자가 부딪친다.
이때 발생한 에너지가 빛으로 바뀐다.

접합면

p형
반도체

n
형
반
도
체

　　　　　　　　　　　　　　아는 만큼 보이는 세상 | 물리 편

부딪쳐서 생긴 에너지가 빛으로 바뀌는 구조입니다. LED는 p형 반도체와 n형 반도체를 붙여 만드는데, p형 반도체에는 양전하를 가진 양공이 많고, n형 반도체에는 음전하를 가진 전자가 많습니다. LED에 전압을 걸게 되면 양공과 전자가 이동하여 p형 반도체와 n형 반도체의 접합면에서 결합합니다. 이때 접합면에서 생긴 에너지가 빛으로 바뀌어 방출되는 것입니다.

전기 에너지를 일단 열 에너지로 전환하고, 그 후 빛 에너지로 전환하는 백열전구보다 전기 에너지를 직접 빛 에너지로 전환하는 LED가 효율이 높다고 할 수 있습니다.

지평선에서는
몇 킬로미터 앞까지 보일까?

· 피타고라스의 정리 ·

지구는 둥글기 때문에 보이는 범위에 한계가 있다.

눈앞에 시원하게 쭉 뻗은 직선 도로가 나타나면 지평선까지 몇 km나 될까요? 그 거리는 비교적 간단하게 계산할 수 있습니다.

평평해 보여도 지구는 공처럼 둥글기 때문에, 사람의 눈높이 (h)에서 연장한 직선과 지구 표면의 점이 만나는 지점이 지평선이 됩니다. 이것을 지구 전체로 생각하면 직각삼각형 ABC를 그릴 수 있습니다. AB(h+r)는 지구의 반지름에 사람의 눈높이를 더한 거리, BC(r)는 지구의 반지름, AC(x)가 지평선까지의 거리입니다. 중학교에서 배우는 피타고라스의 정리를 이용하면 다음과 같은 식이 성립합니다.

$$(h+r)^2 = r^2 + x^2$$

이 식을 변형한 $x^2 = (h+r)^2 - r^2$을 곱셈 공식으로 풀면, $x^2 = h^2 + 2hr + r^2 - r^2 = h^2 + 2hr$, 즉 $x = \sqrt{h^2 + 2hr}$이 됩니다.

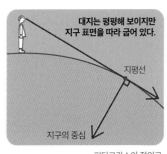

대지는 평평해 보이지만 지구 표면을 따라 굽어 있다.

지평선

지구의 중심

피타고라스의 정의로 지평선까지의 거리를 구할 수 있다.

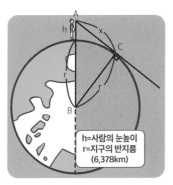

h=사람의 눈높이
r=지구의 반지름
(6,378km)

지구가 완벽한 공 모양이라고 가정하고 위의 식에 따라 계산하면 대략적인 값을 구할 수 있습니다. 지구의 반지름은 6,378km, 지평선을 바라보는 사람의 눈높이를 1.5m(0.0015km)라고 할 때 이 식에 대입해서 계산하면 x=4.374…가 되므로, 지평선까지의 거리는 약 4km임을 알 수 있지요.

탄환이 휘지 않고
똑바로 날아가는 이유

· 자이로 효과 ·

권총이나 포의 내부에 파여 있는 라이플링의 모습이다.

권총의 탄환은 어떻게 똑바로 날아가는 것일까요? 권총, 소총, 대포 등 탄환을 발사하는 총신의 안쪽 벽에는 정밀한 홈이 파여 있습니다. 이는 강선(라이플링)이라고 하는 기하학적으로도 아름다운 나선형 홈으로, 탄환이 직진으로 똑바로 날아가게 하기 위해서는 꼭 필요합니다.

탄환이 나선형 홈을 따라 돌면서 총신을 통과하면 공기가 일정한 방향으로 흐르며 회전 운동이 생깁니다. 고속으로 회전하는 물체는 바람이나 공기의 저항 등 외부의 힘을 받아도 자세(방향)를 유지하려는 성질이 있으며, 이를 자이로 효과라고 부릅니다.

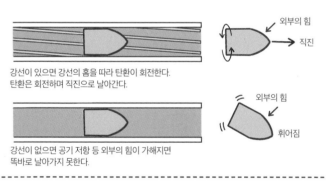

강선이 있으면 강선의 홈을 따라 탄환이 회전한다.
탄환은 회전하며 직진으로 날아간다.

외부의 힘
직진

강선이 없으면 공기 저항 등 외부의 힘이 가해지면
똑바로 날아가지 못한다.

외부의 힘
휘어짐

자이로 효과란?
빠르게 회전하는 물체가 회전축을 일정하게 유지하려는 성질을 말한다.
회전하다 기울어진 팽이는 축 끝이 큰 원을 그리며 돈다(세차 운동).

빠르게 회전하는 팽이는 자세가 안정되어 회전축이 기울어져도 넘어지지 않습니다. 이와 마찬가지로 탄환은 고속으로 회전하면서 직진성이 유지되고 명중률이 높아집니다. 회전이 부족하면 공기 저항을 받은 탄환이 휘어지면서 똑바로 날아가지 못합니다. 반대로 회전이 너무 빨라도 균형이 무너집니다. 따라서 탄환의 무게에 맞는 적절한 회전이 필요합니다. 덧붙여 로켓이나 비행기 등에도 자이로 효과가 이용되고 있습니다.

투석기는 어떻게
돌을 멀리 날리는 걸까?

· 지레의 원리 ·

과거의 투석기는 성을 공격할 때 이용되었다.
트레뷰셋은 140kg의 돌을 280m 날려 보낼 수 있었다고 한다.

'캐터펄트'라고도 불리는 투석기는 기원전부터 중국이나 유럽에서 사용되었습니다. 투석기는 크게 낙하하는 무게추의 위치 에너지를 이용하는 유형과 로프의 탄력을 이용하는 유형으로 나뉘는데, 두 유형 모두 지레의 원리를 이용한 것입니다.

지레의 원리란 막대(지레)를 이용해 작은 힘으로 무거운 물체를 움직이는 원리입니다. 지레에 작용하는 힘은 힘이 가해지는 힘점, 막대를 받치는 받침점, 물체에 힘이 작용하는 작용점으로 구성되며 이 힘점, 받침점, 작용점의 위치에 따라 지레의 효과가 다릅니다.

힘점과 작용점 사이에 받침점이 있는 지레를 제1종 지레라고 합니다. 제1종 지레의 원리를 사용한 투석기에는 '트레뷰셋'이 있

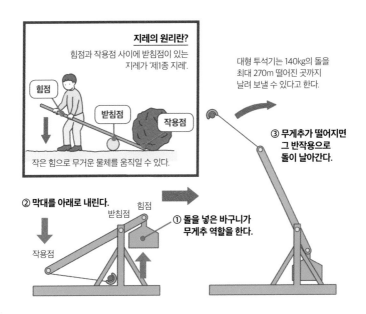

지레의 원리란?
힘점과 작용점 사이에 받침점이 있는 지레가 '제1종 지레'.

힘점

받침점

작용점

작은 힘으로 무거운 물체를 움직일 수 있다.

대형 투석기는 140kg의 돌을 최대 270m 떨어진 곳까지 날려 보낼 수 있다고 한다.

③ 무게추가 떨어지면 그 반작용으로 돌이 날아간다.

② 막대를 아래로 내린다.

힘점

받침점

작용점

① 돌을 넣은 바구니가 무게추 역할을 한다.

습니다. 무거운 물체의 위치 에너지를 가벼운 물체의 운동 에너지로 전환해 멀리 보내는 구조인데, 막대 한쪽 끝(힘점)에 얹은 무거운 무게추가 낙하할 때의 에너지를 반대편 끝에 얹은 돌(작용점)에 전달하여 멀리까지 힘차게 날아가게 하는 것입니다.

이 밖에도 동물의 털이나 식물의 섬유 등을 단단하게 꼬아 로프를 만든 다음, 원래대로 돌아가려는 성질인 탄성을 이용해 돌을 날려 보내는 '오나거'라고 부르는 투석기도 있었습니다.

힘이 없어도 '이것'만 있으면
다 들어 올린다고?

· 고정도르래와 움직도르래 ·

고정도르래는 회전축을 고정한 도르래이다.
움직도르래는 회전축이 고정되지 않고 이동하는 도르래이다.

크레인은 철골이나 컨테이너처럼 무거운 물체를 들어 올리거나 옮기는 기계 장치입니다. 무거운 물체를 매단 와이어로프를 엔진이나 모터로 감아올리는 구조이지요. 그리고 가능한 한 작은 힘으로 감아올릴 수 있도록 고정도르래와 움직도르래를 조합한

고정도르래

고정도르래는 100kg을 들어 올리려면
100kg을 드는 힘이 필요하다.

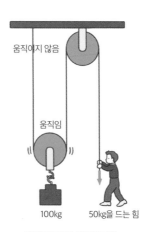

고정도르래와 움직도르래

고정도르래와 움직도르래를 1개씩 사용하면
절반의 힘으로 물체를 들어 올릴 수 있다.

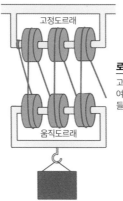

로프로 매달아 올리는 부분의 도르래

고정도르래와 움직도르래를
여러 개 설치해 무거운 물체를
들어 올린다.

기구를 사용합니다.

고정도르래를 사용하면 힘의 방향을 바꿀 수 있습니다. 여기에 움직도르래를 조합하면 작은 힘으로 물체를 들어 올릴 수 있게 됩니다. 예를 들어, 지름이 같은 움직도르래를 사용할 경우, 움직도르래를 1개 늘릴 때마다 들어 올리는 힘을 2분의 1로 줄일 수 있습니다. 즉, 움직도르래를 2개 사용하면 4분의 1(1/2×1/2), 움직도르래를 3개 사용하면 8분의 1(1/2×1/2×1/2), 4개 사용하면 16분의 1(1/2×1/2×1/2×1/2)의 힘으로 물체를 들어 올릴 수 있습니다.

고정도르래와 움직도르래가 여러 개 설치된 크레인은 적은 힘으로 무거운 물체를 들어 올리거나 옮기는 데 유용하게 사용되고 있습니다.

눈에 보이지 않는
미시 세계를 엿보는 방법

· 전자의 투과와 반사 ·

사진은 주사형 전자현미경(SEM)이다.
벚꽃 꽃가루의 크기는 약 30㎛이다.

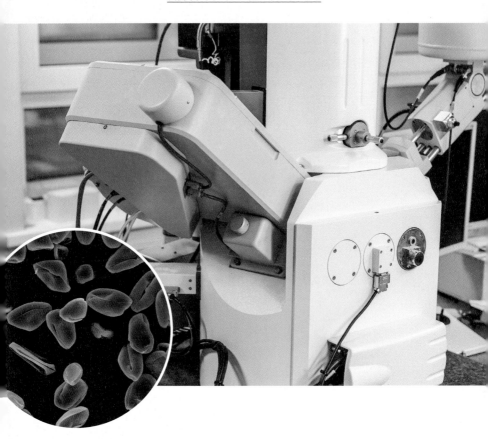

시료에 빛을 비춰 상을 확대해 관찰하는 광학현미경은 아무리 성능 좋은 렌즈를 사용해도 아주 미세한 물체는 볼 수 없습니다. 빛, 즉 가시광선을 이용해 물체를 들여다보기 때문입니다.

이론상으로 광학현미경은 가시광선의 파장보다 크기가 작은 물체는 상이 흐려지거나 관찰이 불가능합니다. 가시광선의 파장은 400~700nm이므로, 광학현미경으로는 물체의 크기가 200nm(가시광선의 파장의 절반)보다 커야 관찰할 수 있습니다.

반면 전자현미경은 가시광선 대신 전자를 시료에 쏘아 시료를 투과한 전자나 시료에서 튀어나온 전자를 이용하여 영상을 얻는

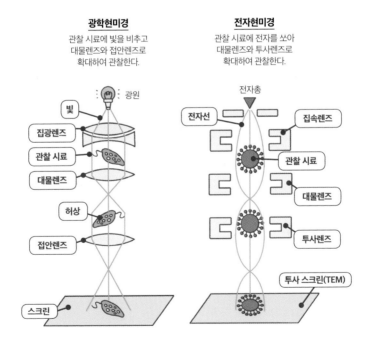

광학현미경
관찰 시료에 빛을 비추고
대물렌즈와 접안렌즈로
확대하여 관찰한다.

전자현미경
관찰 시료에 전자를 쏘아
대물렌즈와 투사렌즈로
확대하여 관찰한다.

장치입니다. 시료에 전자를 투과시켜 관찰하는 '투과형 전자현미경(TEM)'과 시료 표면에 반사되어 튀어나온 전자를 이용하여 관찰하는 '주사형 전자현미경(SEM)'이 있습니다.

에너지가 큰 파장은 가시광선의 파장보다 훨씬 짧고, 전자현미경에서는 가시광선의 10만분의 1 정도의 짧은 파장을 지닌 전자를 사용할 수 있습니다. 따라서 전자현미경은 광학현미경으로는 볼 수 없는 nm나 pm 단위의 아주 작은 물체까지도 관찰할 수 있는 것입니다.

245쪽의 광학현미경과 전자현미경 그림은 NIMS(일본국립물질재료연구기구)의 《재료의 힘 원자 세계에서 놀자》에 수록된 자료를 기초로 하였습니다.

- 《이과연표 2020(理科年表 2020)》일본국립전문대편, 마루젠슛판
- 《milsil 제13권 제4호(milsil 第13巻第4号)》일본국립과학박물관
- 《양초의 과학(ロウソクの科学)》마이클 패러데이, 가도카와쇼텐
- 《학연 퍼펙트 중학이과(学研パーフェクトコース 中学理科)》학연교육출판편, 학연플러스
- 《기초부터 베스트 물리 IB(基礎からベスト物理IB)》아베 류조, 학연 플러스
- 《일러스트 도해 알기 쉬운 기상학 제2판(イラスト図解 よくわかる気象学 第2版)》나가지마 도시오, 나쓰메샤
- 《일러스트&도해 지식이 없어도 즐겁게 읽을 수 있다! 물리의 원리(イラスト&図解 知識ゼロでも楽しく読める！物理のしくみ)》가와무라 야스후미 감수, 세이토샤
- JAXA | 일본 우주항공연구개발기구, http://www.jaxa.jp/
- 슈퍼 가미오칸데 공식 홈페이지, https://www-sk.icrr.u-tokyo.ac.jp/sk/
- 중앙보석연구소, https://www.cgl.co.jp/
- 주부전력 홈페이지, https://www.chuden.co.jp/
- 도쿄전력홀딩스, https://www.tepco.co.jp/index-j.html
- 일본국립연구개발법인 물질·재료연구기구, https://www.nims.go.jp/
- 일본국립천문대 천문정보센터 역계산실 역Wiki, http://eco.mtk.nao.ac.jp/koyomi/wiki/
- 일본기상협회 tenki.jp, https://tenki.jp/
- 기상청, https://www.jma.go.jp/jma/index.html
- NHK for School, https://www.nhk.or.jp/school/
- 우오즈시 홈페이지, https://www.city.uozu.toyama.jp/contents/kanko/sinkirou.html
- 학연 키즈넷 과학 왜 그럴까 110번, https://kids.gakken.co.jp/kagaku/kagaku110/
- NASA Solar System Exploration, https://solarsystem.nasa.gov/
- 일반사단법인 일본물리학회, https://www.jps.or.jp/

집필 도움 人澤宣幸, 上浪春海
삽화 オフィスシバチャン, しゅんぶん, 米村知倫
사진 Getty Images
디자인 村口敬太・村口千尋 (Linon), 金沢正憲, 浅井靖子, 春日友美
편집 협력 堀内直哉

사진과 그림으로 단번에 이해하는 81가지 친절한 물리 안내서

아는 만큼 보이는 세상 ㅣ 물리 편

1판 1쇄 2023년 2월 27일
1판 2쇄 2023년 4월 27일

감수 가와무라 야스후미
한국어감수 김범준
옮긴이 송경원
펴낸이 유경민 노종한
책임편집 김세민
기획편집 유노책주 김세민 이지윤 **유노북스** 이현정 함초원 조혜진 **유노라이프** 박지혜 구혜진
기획마케팅 1팀 우현권 이상운 **2팀** 정세림 유현재 정혜윤 김승혜
디자인 남다희 홍진기
기획관리 차은영
펴낸곳 유노콘텐츠그룹 주식회사
법인등록번호 110111-8138128
주소 서울시 마포구 월드컵로20길 5, 4층
전화 02-323-7763 **팩스** 02-323-7764 **이메일** info@uknowbooks.com

ISBN 979-11-92300-50-4 (03400)